원자의 비밀에 도전한 과학자들

3

과학 시크릿

정완상 지음

과학정원

과학 시크릿 3

원자의 비밀에 도전한 과학자들

초판 인쇄 / 2016년 04월 20일
초판 발행 / 2016년 04월 25일

지은이 / 정완상
펴낸이 / 오판근
펴낸곳 / 교우사

주소 / 서울특별시 동대문구 약령시로 8 교우빌딩 2층
전화 / 925-2861(代), 편집부 / 925-2825, 홈쇼핑 / 969-5762
팩스 / 925-2860

이메일 / kyowoo@kyowoo.co.kr
홈페이지 / http://www.kyowoo.co.kr
북스토어(쇼핑몰) / http://www.kyowoo.co.kr

등록번호 / 1994년 3월 24일 제6-0256호

ISBN 979-11-251-0164-2(04400)
979-11-251-0128-4(세트)

값 12,000원

과학정원은 교우사의 새로운 브랜드명입니다.

머리말

위대한 과학자들은 과학을 사랑하는 청소년들에게는 꿈과 희망을 주는 별입니다. 출판사에서 과학 시크릿 시리즈를 써달라는 제의를 받고 과학의 역사를 빛낸 수많은 과학자들을 떠올렸습니다. 또한 이들 과학자들의 새로운 과학에 대한 도전의 역사를 어떻게 잘 정리하는가를 놓고 많은 고민을 했습니다.

과학은 명확한 대상을 연구하는 학문입니다. 그러므로 이 시리즈는 각 권의 주제를 연구한 과학자들의 이야기입니다. 이 책을 쓰면서 과학이라는 명확한 대상을 놓고 과학자들이 시대적으로 어떤 생각을 가졌는지를 역사에 초점을 맞추어 서술해보는 것이 청소년들에게 가장 도움을 줄 수 있다는 생각이 들었습니다.

이 책은 우주의 비밀에 도전한 과학자들의 이야기를 다루었습니다. 우주의 비밀에 첫 도전을 한 과학자들의 이야기를 시작으로 천동설과 지동설의 대립의 역사, 행성의 운동에 대한 과학자들의 연구의 발전과 은하의 신비를 밝혀낸 과학자들의 이야기, 우주가 유한한지 무한한지에 대한 논쟁의 역사와 우주가 어떻게 생겨났는가를 밝혀낸 과학자들의 연구내용을 다루었습니다.

이 책을 쓰면서 그 동안 몰랐던 많은 것들을 알게 되어 기뻤습니다. 과학자들의 개인적인 에피소드나 연구하는 방법들을 통해 저자 자신도 많은 도움을 받았습니다. 특히 저자가 국립경상대학교에서 교양강좌로 가르쳤던 〈현대 과학의 이해〉라는 과목의 강의가 이 책을 쓰는 데 큰 도움이 되었습니다.

Preface

이 시리즈는 각각의 소주제에 대해 과학자들의 연구내용을 시대순으로 모았습니다. 복잡한 수식이나 공식은 피하고 독자들이 본문을 읽어 나가는 데 난해한 수식으로 인해 어려움을 겪지 않도록 배려했습니다. 그동안 수많은 교양 과학 도서를 썼지만 이번 시리즈처럼 좋은 사진과 삽화와 함께 과학의 각 주제별 역사를 한 눈에 볼 수 있는 책을 집필한 것은 처음이었습니다.

이 책을 쓰는 데 큰 도움을 준 대학원생 차지훈 군, 장은지 양, 정민 군, 오유리 양에게 감사를 드립니다. 그리고 부족한 원고를 독자들이 읽기 편하도록 멋지게 편집해준 교우사 편집부에도 감사를 드립니다. 마지막으로 이 책이 나올 수 있도록 물심양면으로 도와주신 도서출판 교우사의 사장님과 출판사 가족 여러분에게 감사를 드립니다.

차례

Contents

01 고대 그리스 사람들의 원자론

1 탈레스의 기본 원소

물질을 이루는 가장 기본이 되는 원소는 무엇인가에 대해 처음 생각한 사람은 고대 그리스의 식민지인 밀레토스의 탈레스이다. 탈레스의 아버지는 부유한 상인이었다. 그래서 탈레스는 어릴 때부터 아버지를 따라 배를 타고 아라비아나 이집트 등 여러 나라를 돌아다니면서 많은 지식을 얻을 수 있었다. 탈레스는 수학과 과학 그리고 철학 공부를 좋아했다. 탈레스는 하늘을 관찰해 날씨를 알아맞히는 데도 아주 정통했다.

탈레스에 관해 얽힌 일화는 굉장히 많지만 탈레스가 날씨를 이용해 돈을 번 사건은 아주 유명하다. 탈레스는 밀레투스 지방의 매년의 날씨를 연구하던 중 어느 해 올리브 농사가 대풍작을 이루게 될 것을 예상하고 그 해 초에 밀레투스 지방의 착유기(올리브기름을 짜는 기계)를 모두 빌려 놓았다. 탈레스의 예상대로 그 해 올리브 농사는 풍작을 이루었고, 농부들은 하는 수 없이 평소보다 비싼 돈을 주고 탈레스에게 착유기를 빌려야 했다. 탈레스는 이 사건으로 돈을 벌었다.

1-1 〈탈레스 사진〉

부자가 된 탈레스는 공부를 위해 이집트로 여행을 떠났다. 당시 이집트에는 훌륭한 수학자와 과학자가 많았다.

탈레스가 이집트에 있을 때 재미있는 일화가 있다. 탈레스는 이집트에서 부업으로 소금 장사를 했다. 여러 마리의 당나귀에 소금 포대를 싣고 강을 건너던 중 한 당나귀가 실수로 강물에 빠졌다. 그때 등에 싣고 있던 소금이 강물에 녹아 짐이 매우 가벼워지자 이에 재미를 붙인 당나귀는 강을 건널 때마다 넘어져서 탈레스는 번번이 손해를 보았다. 영리한 탈레스는 이 당나귀의 나쁜 버릇을 고쳐 주려고 소금 대신 솜을 당나귀의 등에 실었다. 여느 때와 마찬가지로 당나귀는 강물을 건너갈 때 일부러 넘어졌는데 결과는 반대로 되었다. 물은 먹은 솜은 더욱 무거워져서 당나귀는 꾀부리려다 오히려 혼이 난 꼴이 되었다. 그 날 이후 당나귀는 다시는 강에서 넘어지지 않아 탈레스는 더 이상 손해를 보지 않았다. 이 사건이 알려지자 유명한 우화작가인 이솝이 탈레스를 찾아가 이 에피소드를 자신의 우화집 『이솝 우화』에 싣게 해달라고 부탁했다. 탈레스가 허용해줘서 이 내용은 '꾀 많은 당나귀'라는 제목으로 『이솝 우화』에 발표되었다.

이집트에서 지내던 탈레스는 오랜 가뭄으로 물 부족에 시달리는 사람들을 보고는 이 세상을 이루는 가장 근본이 되는 물질이 무엇인지 고민했다. 탈레스는 이 물질을 기본 원소라고 불렀다. 탈레스가 생각한 기본 원소는 바로 물이다. 그는 물이 없으면 모든 생명이 살 수 없으므로 물이 물질을 이루는 가장 기본이 되는 원소라 생각했다.

탈레스는 물은 차가워지면 딱딱한 얼음이 되고 뜨거워지면 증기가 되며 보통의 온도에서는 흐르는 성질을 지니므로 이 세 가지 성질을 가진 물이 이 세상의 모든 사물을 이루는 가장 기본이 되는 원소라 생각했다.

탈레스는 지구의 모습에 대해서도 거대한 물에 바다에 납작한 땅이 떠 있고 이 땅은 딱딱한 성질의 물로 이루어져 있다고 생각했다. 또한 탈레스는 태양이나 별들은 물의 증기 상태로 이루어져 있어 하늘에 떠 있을 수 있다고 여겼다.

1-2 〈밀레투스 지도〉

1-3 〈이오니아 철학학교〉

탈레스는 밀레투스에 이오니아 철학학교를 세워 많은 제자들을 키워 냈는데 그 중 유명한 제자로는 아낙시만드로스와 아낙시메네스가 있다. 이오니아 철학학교에서 탈레스는 주로 철학, 수학, 천문학을 가르쳤다.

탈레스의 제자들의 생각은 스승과 달랐다. 아낙시만드로스는 기본 원소를 무한한 물질이라고 생각했다. 그는 이것을 아페이론이라 불렀다. 아낙시만드로스는 자연 현상을 합리적으로 설명한 사람으로 바람이 갈라지면 천둥이 생기고 구름이 갈라지면 번개가 생긴다고 생각했다.

아낙시메네스는 기본 원소를 공기라고 생각했다. 아낙시메네스는 공기가 모여 있느냐 퍼져 있느냐에 따라 물질이 다른 모양을 띤다고 생각했다. 그는 공기가 희박하면 불이 되고 공기가 점점 압축되면 바람, 구름, 물, 흙, 돌 등으로 점점 단단해진다고 여겼다.

탈레스의 제자는 아니지만 다른 기본 원소를 주장한 사람도 있었다. 기원전 6세기에 헤라클레이토스는 기본 원소를 불이라고 생각했다. 그는 불이 단단하게 모여 물이 되고 더 단단해져 흙이 된다고 생각했다. 헤라클레이토스는 또한 이 세상의 모든 물질은 항상 모습이 바뀌고 있다고 생각했다.

1-4 〈아낙시만드로스〉

1-5 〈아낙시메네스〉

1-6 〈헤라클레이토스〉

창작수업

이솝우화를 읽고 탈레스의 일화와 비교해 보자.

과학서술수업

탈레스가 말한 세 가지의 모습과 물질의 세 가지 상태와의 관계에 대해 서술해 보자.

답 단단한 물은 고체 상태의 물을 흐르는 물은 액체 상태의 물을 연기처럼 하늘로 올라가는 물은 기체상태의 물을 나타낸다. 탈레스는 얼음이 물이 되는 것이 물의 모양을 바꾸는 과정이라고 설명했지만 현재의 과학에서는 고체인 얼음이 액체인 물이 되는 것을 열이 공급이 되어 물 분자의 운동에너지가 증가하기 때문인 것으로 알려져 있다.

2 4원소설을 주장한 사람들

기원전 450년경 엠페도클레스는 탈레스의 기본 원소를 네 개로 확장시켰다. 그는 시실리에서 태어났는데 그의 어린 시절에 대해서는 잘 알려져 있지 않다.

엠페도클레스는 물시계를 최초로 발명한 것으로 유명하다. 그의 물시계는 원뿔모양의 용기에 물을 채우고 물이 모두 빠져나갈 때까지 걸린 시간을 통해 시간을 확인하는 원리를 이용했다. 그는 모든 사물을 이루는 불변의 원소로 물, 불, 흙, 공기를 들었다. 그는 이 네 가지 원소가 어떤 비율로 섞이는가에 따라 서로 다른 사물이 만들어진다고 생각했다.

소크라테스의 제자로 유명한 철학자 플라톤은 엠페도클레스의 네 가지 원소의 모양으로 정다면체를 들었다. 정다면체는 정사면체, 정육면체, 정팔면체, 정십이면체, 정이십면체의 다섯 가지 종류가 있다.

1-7 〈엠페도클레스〉

그는 불을 정사면체, 물을 정이십면체, 흙을 정육면체, 공기를 정팔면체 모양이라고 생각했다. 그는 불이 정사면체의 뾰족하고 날카로운 성질을 지니고 있으며 물은 거의 공 모양에 가까운 정이십면체와 같은 모양이라고 생각했다. 나머지 하나의 정다면체인 정십이면체에 대해 그는 이 도형이 황도 12궁을 상징한다고 믿었다.

플라톤은 엠페도클레스가 주장한 것처럼 네 원소가 영원히 변하지 않는 것이 아니라 서로 다른 모양으로 변할 수 있다고 여겼다. 플라톤은 다섯 개의 정다면체 중에서 한 면이 삼각형인 정사면체, 정팔면체, 정이십면체로부터 20=8+8+4이므로 정이십면체 모양의 물이 두 개의 정팔면체와 하나의 정사면체로 바뀔 수 있다고 생각했다. 즉, 플라톤의 설명에 따르면 물은 두 개의 공기와 하나의 불로 바뀔 수 있다고 생각했다. 하지만 흙은 한 면이 정사각형인 정육면체로 이루어져 있으므로 다른 원소로 바뀔 수 없다고 믿었다.

엠페도클레스의 4원소설을 가장 발전시킨 사람은 고대 그리스의 아리스토텔레스이다. 아리스토텔레스는 기원전 384년 마케도니아 왕의 어의의 아들로 태어났다.

1-8 〈플라톤〉

1-9 〈아리스토텔레스〉

어려서부터 학문의 즐거움에 빠진 아리스토텔레스는 젊은 시절 아테네로 가서 플라톤의 제자가 되었다. 플라톤이 아테네에 세운 아카데미는 젊은 학자들이 모여서 토론과 논쟁을 하는 곳이었다.

아테네에서 지낸 20년 동안 그는 플라톤의 총애를 받으며 철학과 자연과학을 배웠는데 이때 그는 4원소의 개념을 처음으로 접했다. 플라톤이 죽자 그는 아테네를 떠나 마케도니아로 돌아와 훗날 알렉산더 대왕이 되는 알렉산더 왕자의 개인 선생이 되었다.

알렉산더 대왕이 즉위하면서 아리스토텔레스는 아테네에 최초의 학교인 리세움을 세울 수 있었다. 이 학교에서 아리스토텔레스는 4원소설에 대한 본격적인 연구를 시작했다. 그는 엠페도클레스의 이론보다는 스승인 플라톤의 생각을 따랐다. 그 역시 네 개의 원소가 불변이 아니라 서로 바뀔 수 있다고 생각했다. 그는 네 가지 원소가 가진 성질에 주목했다. 그가 내세운 네 개의 성질은 차가움, 뜨거움, 축축함, 건조함이었는데 원소는 차가움과 뜨거움 중에서 하나의 성질을 가질 수 있고 축축함과 건조함 중에서 하나의 성질을 가질 수 있다고 생각했다. 그의 주장에 따르면 물은 차가움과 축축함을, 흙은 건조함과 축축함을, 불은 뜨거움과 건조함을, 공기는 뜨거움과 축축함을 가지고 있다. 그는 원소가 가진 성질이 변하면 그 원소는 다른 원소로 바뀔 수 있다고 믿었다. 예를 들어 불의 건조함이 축축함으로 변하면 불이 공기로 바뀐다는 것이 그의 생각이었다.

아리스토텔레스는 물체의 운동을 4원소설을 이용해서 해석했다. 그의 생각에 따르면 물체는 자신을 이루는 데 가장 많이 포함된 원소의 고향으로 가려고 하는데 이것이 자발적인 운동이며 고향과 반대 방향으로 가는 운동은 스스로 일어나지 않으므로 강제적 운동이라고 불렀다.

1-10 〈리세움〉

그는 흙과 물의 고향은 땅이고 불과 공기의 고향은 하늘이라고 생각했다. 그러므로 연기를 피우면 연기가 위로 올라가는 것은 연기 속에 고향이 하늘인 불과 공기 원소가 많기 때문이며, 물이나 돌멩이가 땅으로 떨어지는 것은 물이나 돌멩이 속에 고향이 땅인 원소가 많기 때문이라고 생각했다.

아리스토텔레스는 네 개의 원소 외에 제5원소가 있다고 생각했다. 그는 제5원소는 달이나 태양과 같은 천체를 이루는 원소로 제5원소로 이루어진 물질은 영원한 운동을 하며 4원소로 이루어진 물질은 일시적인 운동을 한다고 생각했다. 그는 이것이 달이나 태양이 영원히 지구 주위를 도는 운동을 하는 것이 달이나 태양이 제5원소로 이루어져 있기 때문이라고 생각했다.

창작수업

플라톤과 아리스토텔레스의 과학 외의 업적에 대해 조사해 보자.

교과 연계 내용

정다면체

다음 정육면체를 보자.

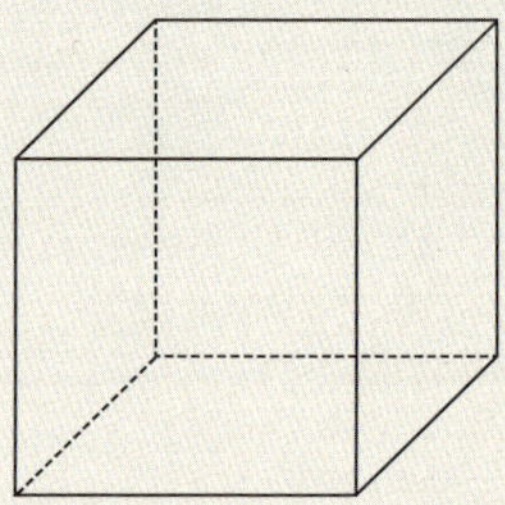

이 입체 도형의 면은 총 여섯 개로 정사각형이며 모두 합동이다. 이처럼 각 면이 모두 합동인 입체도형을 정다면체라고 부른다. 이때 면의 개수가 여섯 개인 정다면체를 정육면체라 부르는데 이러한 정다면체는 다섯 가지 종류밖에 없다. 그 이유는 무엇인지 알아보자.

세 개의 합동인 정삼각형으로 정사면체를 만들 수 있다.

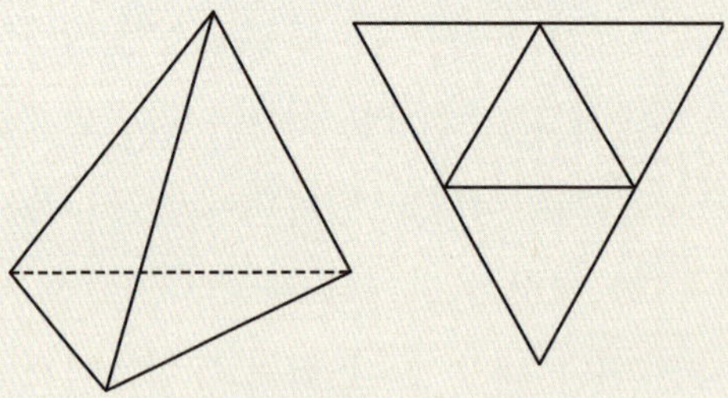

정삼각형의 하나의 내각의 크기는 60°이다. 정사면체의 꼭짓점에 세

개의 정삼각형이 모여 있으니까 한 꼭짓점에 모인 모든 삼각형의 내각의 합은 $3 \times 60° = 180°$가 된다.

다음 그림을 보자.

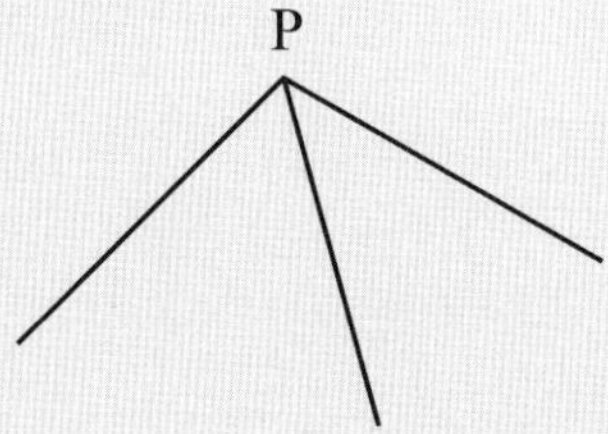

P점이 꼭짓점이 되면서 세 개의 삼각형이 옆면이 되는 입체도형이 만들어지려면 정다각형의 내각의 합이 360°보다 작아야 한다. 일반적으로 한 꼭짓점에 세 개 이상의 면이 만날 때 입체도형이 만들어진다.

이제 한 면이 정삼각형인 입체도형에는 어떤 것들이 있는지 알아보자. 정삼각형의 한 내각의 크기는 60°이므로, 한 점에 정삼각형이 세 개가 모이면 내각의 합은

$$3 \times 60° = 180° < 360°$$

이다.

따라서 한 점에 정삼각형이 세 개가 모인 정다면체가 만들어지는데 이것이 바로 정사면체이다. 또한 한 점에 정삼각형이 네 개가 모이면 내각의 합은

$$4 \times 60° = 240° < 360°$$

이므로 한 점에 정삼각형이 네 개가 모인 정다면체도 가능한데 이것이 바로 정팔면체이다.

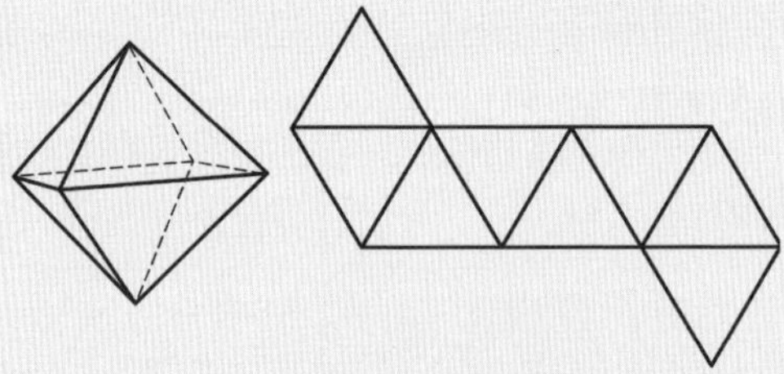

한 점에 정삼각형이 다섯 개가 모이면 내각의 합은

$$5\times60° = 300° < 360°$$

이므로 한 점에 정삼각형이 다섯 개가 모인 정다면체가 만들어지는데 이것이 바로 정십이면체이다.

반면 한 점에 정삼각형이 여섯 개가 모이면 내각의 합이 $6\times60° = 360°$가 되어 정다면체가 만들어지지 않는다. 같은 이유로 한 점에 정삼각형이 일곱 개 이상 모인 정다면체는 존재하지 않는다. 이제 면의 모양이 정사각형인 정다면체를 찾아보자. 정사각형의 한 내각의 크기는 90°이므로 한 점에 정삼각형이 세 개 모이면 내각의 합은

$$3 \times 90° = 270° < 360°$$

이다. 따라서 한 점에 정사각형이 세 개가 모인 정다면체가 만들어지는데 이것이 바로 정육면체이다.

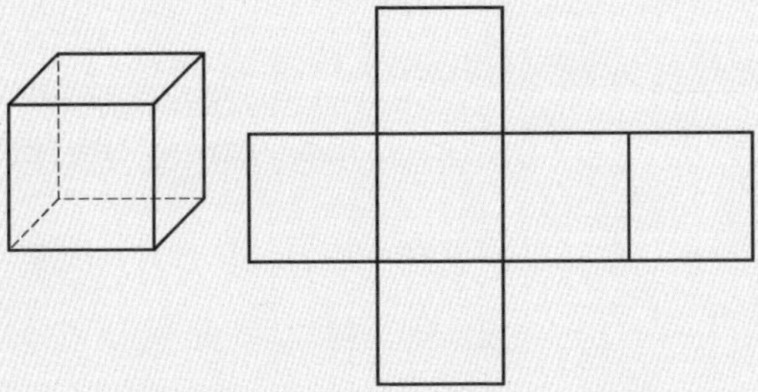

한 점에 정사각형이 네 개가 모이면 내각의 합은

$$4\times 90° = 360°$$

가 되므로 이런 입체 도형은 만들어지지 않는다. 그러므로 정사각형으로 만들 수 있는 입체 도형은 정육면체 하나뿐이다.

이제 정오각형으로 만들 수 있는 정다면체에 대해 조사하자. 정오각형의 한 내각의 크기는 108°이므로 한 점에 정오각형 세 개가 모이면 내각의 합은

$$3\times 108° = 324° < 360°$$

가 되어 한 점에 정오각형이 세 개가 모이는 정다면체가 만들어지는데 이것을 정십이면체라 부른다.

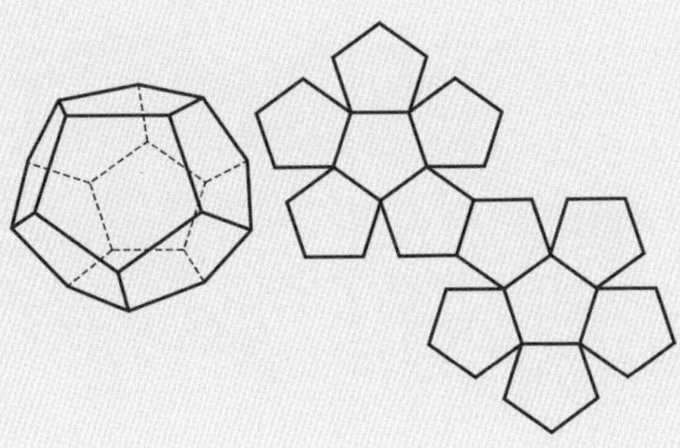

정오각형이 한 점에 네 개가 모이면 내각의 합은 4 × 108° = 432°가 되어 360°보다 커지므로 이런 입체도형은 만들어지지 않는다. 따라서 정오각형으로 만들 수 있는 정다면체는 정십이면체 하나뿐이다.

정육각형의 한 내각의 크기는 120°이므로 한 점에 정육각형 세 개가 모이면 내각의 합은 3×120° = 360°가 되어 입체 도형이 만들어지지 않는다. 그러므로 한 면이 정육각형인 정다면체는 없다. 같은 이유로 정칠각형, 정팔각형, … 은 한 내각의 크기가 120°보다 커지므로 이런 도형들이 한 점에 세 개가 모이면 각이 360°보다 커지게 되어 입체 도형을 만들 수 없다.

활동수업

1) 영화 <제5원소>를 보고 아리스토텔레스의 4원소설과 비교해 보자.

영재 페이지

오일러정리

다음 정사면체를 보자.

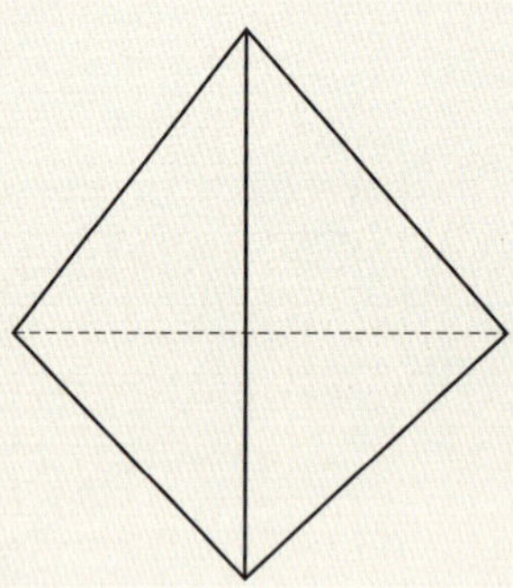

점의 개수를 v, 모서리의 개수를 e, 면의 개수를 f라고 하면 , 모든 입체도형에서

$$v-e+f=2$$

가 된다. 이것을 처음 발견한 수학자의 이름을 따서 이를 오일러의 정리라고 한다. 또한 정사면체에서 $v=4$, $e=6$, $f=4$이므로

$$v-e+f=4-6+4=2$$

가 된다.

이번에는 정육면체를 보자.

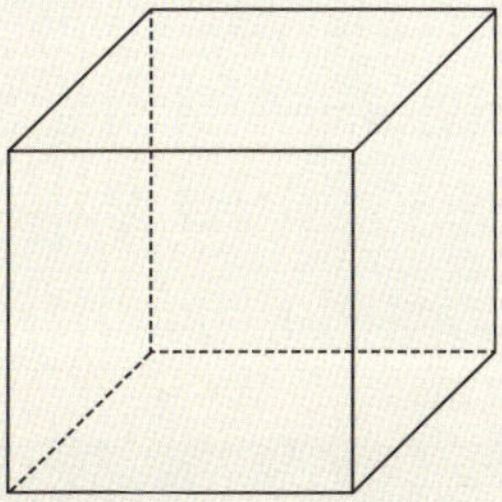

점이 여덟 개로 $v=8$, 모서리는 열두 개로 $e=12$, 면은 여섯 개로 $f=6$이다. 따라서 $v-e+f=8-12+6=2$이다.

다른 정다면체에 대해서도 오일러의 정리는 성립한다.

정다면체	정사면체	정육면체	정팔면체	정십이면체	정이십면체
면의 모양	정삼각형	정사각형	정삼각형	정오각형	정삼각형
면의 수	4	6	8	12	20
모서리의 수	6	12	12	30	30
꼭짓점의 수	4	8	6	20	12

3 원자론을 주장한 사람들

고대 그리스의 과학자들이 원소설만을 주장한 것은 아니었다. 이 세상의 모든 사물이 네 개의 원소로 이루어진 것이 아니라 무수히 많은 원자로 이루어져 있다고 주장하는 과학자들도 있었다. 그 대표적인 사람은 데모크리토스와 그의 스승인 레우키포스이다. 레우키포스가 원자론을 처음 주장한 것으로 알려져 있으나 그에 대한 기록은 거의 남아 있는 것이 없고 원자론에 대한 기록은 거의 대부분 데모크리토스에 의한 내용만이 남아 있어 데모크리토스를 원자론의 창시자로 부른다.

데모크리토스는 우주는 더 이상 나눌 수 없는 원자로 이루어져 있다고 주장했다. 원자의 영어단어인 atom은 더 이상 분해되지 않는 것이라는 뜻이다. 데모크리토스는 사람과 동식물과 무생물뿐 아니라 신이나 악마도 원자로 이루어져 있다고 주장했다.

1-11 〈데모크리토스〉

그는 원자는 여러 가지 모양으로 되어 있고 그 크기와 무게도 각각 다르다고 생각했다. 또한 원자는 너무나 작아 우리 눈으로 볼 수 없지만 원자들의 충돌에 의해 생긴 소용돌이 현상이 원자가 있다는 증거라고 생각했다. 그는 원자가 진공 속을 돌아다니며 여러 가지 종류의 운동을 하기 때문에 원자로 구성된 사물이 다양한 운동 모습을 보인다고 생각했다. 그는 맛이나 색 그리고 차갑고 뜨거운 정도나 단단함 같은 사물의 성질이 4원소의 비율 때문이 아니라 어떤 원자들이 어떻게 뭉쳐 있는지에 따라 결정된다고 믿었다.

데모크리토스의 원자론은 아리스토텔레스와 그의 지지자들에 의해 철저하게 거부당했다. 아리스토텔레스의 이론이 지배했던 이천여 년 동안 원자론은 소외되었다가 19세기 돌턴에 의해 부활하였다. 하지만 에피쿠로스학파와 같은 일부 학파에서는 원자론을 철저하게 신봉하면서 원자론에 대한 교육도 이루어졌다.

활동수업

레우키포스와 데모크리토스의 원자론을 비교해 토론해 보자.

02 금을 만들려는 사람들

1 연금술의 시작

아리스토텔레스의 4원소설은 오랜 시간 동안 사람들의 사랑을 받았다. 이 이론이 사랑을 받은 이유는 4원소의 비율을 다르게 함으로써 혹시나 금을 만들 수 있을까 하는 생각 때문이었다. 이렇게 다른 물질로부터 금을 만드는 기술을 연금술이라고 한다. 이는 화학의 발전에 큰 기여를 하게 되었다. 또한 연금술에 종사하는 사람을 연금술사라고 부르며 이들이 가장 중요하게 여긴 원소는 은, 수은, 금, 구리, 철, 주석, 납의 일곱 광물이었다. 이들은 이 광물들이 지구를 에워싼 일곱 개의 천체를 상징한다고 믿었다. 즉, 이는 달과 은, 수성과 수은, 목성과 주석, 화성과 철, 금성과 구리, 토성과 납, 태양과 금이라는 식이다.

연금술사들은 최초의 실험과학자로 구리나 철과 같이 흔한 금속의 성질을 변화시켜 금을 만들려 했다. 그들은 가장 완벽한 비율을 가진 금속이 금이라고 생각했다.

2-1 〈연금술사〉

연금술의 기원은 더 오래되었지만 역사적으로는 기원전 322년 이집트의 나일 강 상류에 세워진 알렉산드리아에서 처음 본격적인 연금술 연구가 시작된 것으로 알려져 있다. 오랫동안 이집트는 금과 은 같은 보석을 만드는 기술이 뛰어났으며 당시 이집트에서는 금박을 얇게 입히는 기술까지 보유하고 있었다.

아리스토텔레스는 금속을 이루는 주성분이 두 가지라고 보았다. 그는 이 두 가지를 흙의 증기와 물의 증기라고 불렀다. 연금술사들은 유황이 불의 증기이고 수은이 물의 증기라고 생각했으며, 금을 현자의 돌이라고 불렀다. 연금술사들은 이들 두 증기의 비율을 바꿈으로써 금을 만들려는 실험을 하게 되었는데 이것을 최초의 화학실험으로 볼 수 있다.

연금술사들은 신비로운 인물로 자신의 이름을 철저하게 비밀에 부치고 주로 가명을 사용했다. 주로 사용되는 가명으로는 데모크리토스, 클레오파트라, 이시스, 헤르메스 트리스메기스투스, 유대 부인 마리아 등이 있다. 또한 용어에 대해서도 서로 달랐다.

2-2 〈유대 부인 마리아〉

2-3 〈유대 부인 마리아의 실험장치〉

예를 들면 한 개의 금속에도 많은 이름이 있었는데 수은은 '은의 물', '끊임없이 도망가는 것', '신의 물', '남성적 여성', '용의 알', '바다의 물', '달의 물', '검은 황소의 젖' 등으로 불렸다.

연금술사들은 여러 금속을 나타내는 기호를 만들었다. 금속 기호를 표시하면 오른쪽 상단의 그림과 같다.

연금술사 중에서 처음 이름이 밝혀진 사람은 서기 300년경 알렉산드리아에서 활동한 조시모스로 그는 연금술 실험에 대한 최초의 기록을 남긴 사람이다. 조시모스는 스물여덟 권에 달하는 자신의 책을 통해 초기 연금술에 대한 내용을 남겼다. 그의 책은 대부분 고도의 상징과 그만이 알아볼 수 있는 비밀언어를 사용했기 때문에 일반 사람들은 이해하기 힘들지만 그가 연금술과 화학에 대해 지식이 풍부했다는 것은 그의 책들을 통해 알 수 있다.

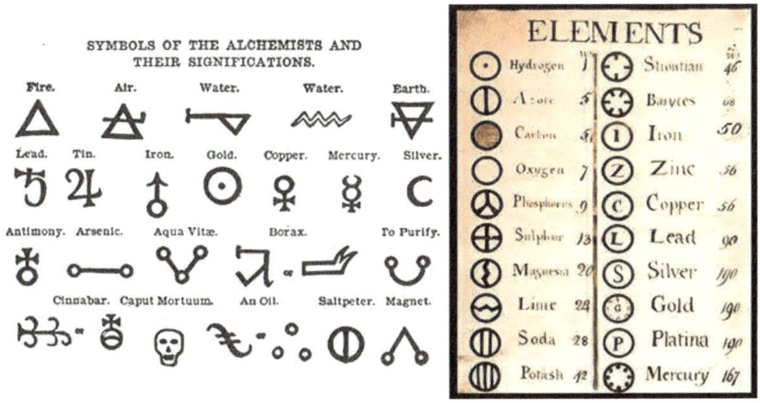

2-4 〈(왼쪽) 연금술사들이 사용한 물질(원소 포함)의 기호들. (오른쪽) 돌턴의 원소 기호〉

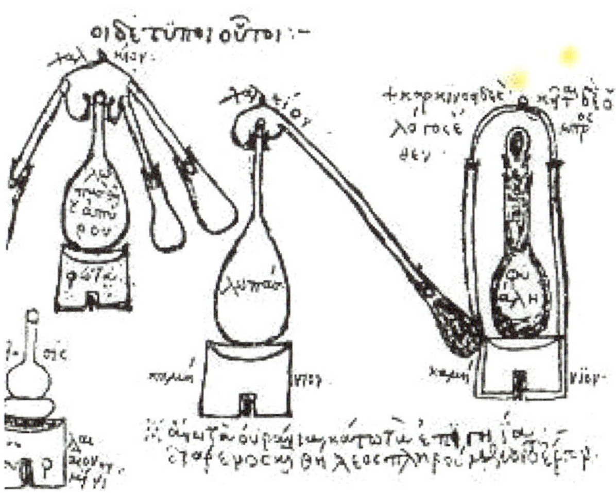

2-5 〈조시모스의 실험장치〉

창작수업

1) 연금술의 역사에 대해 조사해 보자.

2) 연금술의 도움으로 발명된 화학실험 장치에는 어떤 것들이 있는지 알아 보자.

교과 연계 내용

사실 유황과 수은이 만나 화학결합을 했을 때 얻어지는 것은 황화수은이다. 황화수은은 물이나 산 또는 염기에 녹지 않고 왕수에만 녹는다. 이처럼 황화수은은 안정된 물질이기 때문에 순수한 수은을 만들 때 사용한다. 황화수은을 300도 이상의 높은 온도에서 산소와 반응시킴으로써 순수한 수은을 얻을 수 있다. 즉, 현대 화학의 입장에서 보면 황화수은은 현자의 돌과는 거리가 멀다. 하지만 당시의 연금술사들은 일반적인 수은증기와 유황증기가 아니라 철학적인 또는 이상적인 수은증기와 유황증기를 섞는다면 현자의 돌을 만들어 낼 수 있을 것이라고 굳게 믿었다.

2 연금술에서 화학으로

오랜 기간 동안 연금술사들은 금을 만드는 데는 실패했지만 연금술의 유행 덕에 수많은 실험도구들이 발명되었다. 연금술사들이 가장 많이 사용한 장치는 바로 증류기이다. 증류기는 세 부분으로 이루어져 있는데 직접 불로부터 가열되는 몸체 부분과 몸체의 윗부분에 있는 머리 부분 그리고 그 곳에서 세 개의 유출관을 통해 증류된 액체를 모으는 부분이 그것이다.

알렉산드리아의 연금술사들은 증류 이외에도 고체 가루를 액체에 용해시키는 실험, 거름종이를 이용하여 여과하는 과정, 결정을 만드는 과정 등에 대한 실험도 했다. 이렇게 알렉산드리아의 연금술은 수많은 화학실험 방법과 도구를 개발하는 데 큰 기여를 했다.

연금술사들은 금을 만들기 위해 다양한 물질들을 가열·용해·증류·석출하는 시도를 했지만 금을 만드는 데는 실패했다. 하지만 이 실패 과정 속에서 놀라운 발견들이 이루어졌다. 알코올, 에테르, 아세트산, 질산, 황산, 왕수(염산과 질산의 혼합물, 금을 녹일 수 있다), 백반, 염화암모늄, 아연과 수은의 염류, 질산은, 비누, 알칼리 등의 수많은 화학물질이 연금술 덕분에 발견되었고, 도가니, 증류기, 플라스크, 여과기 등의 실험기구 등이 발명되었다.

13세기에 접어들어 연금술사는 산을 발견했다. 연금술사들은 황산염을 가열해 나오는 증기를 응축해 황산을 만드는 데 성공했는데 이것이 최초의 산의 발견이다. 그들은 또한 황산염과 질산염을 섞은 물질을 가열하여 질산을 만들었는데 이 중 질산은 금과 은이 섞여 있을 때 두 물질을 분리하는 데 사용되었다. 그 이유는 금은 질산에 녹지 않지만 은은 질산에 녹아 질산은이 되기 때문이었다.

연금술사들은 또한 금을 녹일 수 있는 용액을 처음으로 발견했는데 이것은 '왕의 물'이라는 의미로 왕수라고 부른다. 그들은 질산에 암모니아염을 가해서 왕수를 만들었고 이것이 금을 녹일 수 있다는 것을 알아냈다.

창작수업

연금술의 도움으로 발명된 화학실험 장치에는 어떤 것들이 있는지 알아보자.

교과 연계 내용

산과 염기

레몬이나 식초와 같이 신맛을 내는 음식에는 산이 들어 있다. 산은 신맛이나 역겨운 냄새가 나고 염산이나 황산과 같은 강한 산은 금속을 녹일 수 있다. 염기는 수산화나트륨 용액이나 암모니아수 같은 것들인데 미끌미끌한 성질이 있다.

어떤 용액에 대해 산성인지 염기성인지를 구별하려면 리트머스 시험지를 이용하면 된다. 산성 용액에 푸른 리트머스 시험지를 넣으면 시험지가 붉은색으로 변하고 염기성 용액에서는 붉은 리트머스 시험지가 푸른색으로 변한다. 다른 구별 방법으로 페놀프탈레인 용액을 이용하기도 한다. 페놀트탈레인 용액을 산성 용액에 넣으면 아무 변화가 없지만 염기성 용액에 넣으면 붉게 변한다.

산성 용액에 철 조각을 넣으면 기포가 일어나고 열이 발생한다. 일반적으로 금속과 산이 만나면 수소 기체가 발생하고 이때 열이 발생한다. 황산은 쓰임새가 많다. 그 중에서도 가장 중요하게 쓰이는 곳은

비료를 만들 때이다. 하지만 황산은 굉장히 위험한 용액이기 때문에 물로 희석하여 사용한다.

산과 염기를 같은 농도로 섞으면 산도 아니고 염기도 아닌 물질이 만들어지는데 이것을 중화반응이라고 한다. 소금은 염화나트륨인데 황산에 수산화나트륨을 섞어서 중화반응을 시켜 만들 수 있다.

3 최초의 화학자 보일

연금술이 주축이던 시대의 최초의 화학자는 영국의 보일이다. 보일은 1627년 영국의 워터퍼드에서 태어났다. 백작의 아들로 태어나 부유하게 자란 그는 어릴 때부터 공부를 좋아했고, 8살에는 영재들만 다니는 이튼 학교에 입학했다.

2-6 〈보일〉

보일은 열네 살 때 갈릴레이를 만나고 싶어서 이탈리아에 갔지만 갈릴레이가 이미 죽어 그 꿈을 이루지 못했다는 일화가 있다. 그는 열여덟 살 때 '보이지 않는 대학'이라는 동아리를 만들었는데 이 동아리에서 보일과 동료들은 아리스토텔레스의 4원소설이 옳지 않은 이유에 대한 토론을 했다. 훗날 이 동아리는 영국 왕립학회로 발전하게 된다.

보일은 모든 현상을 실험을 통해 확인하고 싶어 하는 철저한 사람이었다. 1661년에 그는 자신의 책 『의심 많은 화학자』에서 아리스토텔레스의 4원소설을 정면으로 반박했다. 이 책에는 세 사람의 인물이 등장하는데, 한 사람은 아리스토텔레스의 4원소설을 지지하는 사람이고 또 한 사람은 연금술사, 그리고 마지막 한 사람은 4원소설이 틀렸다고 생각하는 의심 많은 화학자이다. 이 책에서 세 사람은 서로의 주장을 굽히지 않지만 보일은 결국 의심 많은 화학자의 의견을 지지해 아리스토텔레스의 주장이 틀렸다고 주장한다.

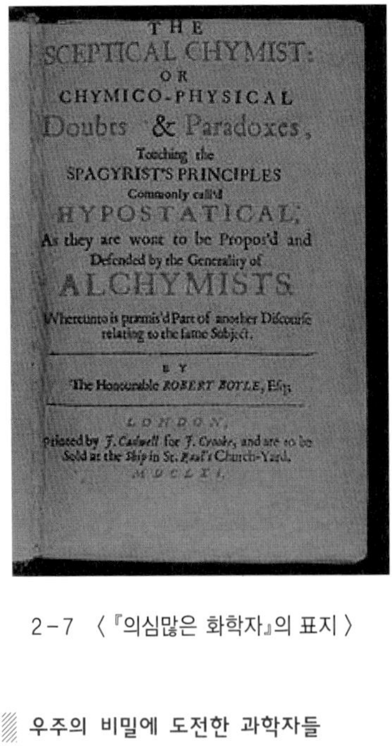
THE
SCEPTICAL CHYMIST:
OR
CHYMICO-PHYSICAL
Doubts & Paradoxes,
Touching the
SPAGYRIST'S PRINCIPLES
Commonly call'd
HYPOSTATICAL,
As they are wont to be Propos'd and
Defended by the Generality of
ALCHYMISTS.
Whereunto is præmis'd Part of another Discourse
relating to the same Subject.
BY
The Honourable ROBERT BOYLE, Esq;
LONDON,
Printed by J. Cadwell for J. Crooke, and are to be
Sold at the Ship in St. Paul's Church-Yard.
MDCLXI.

2-7 〈『의심많은 화학자』의 표지〉

2-8 〈보일의 실험장치〉

보일은 이 세상의 모든 물질이 수많은 원소들로 이루어져 있으며 화학반응은 원소들이 새롭게 배열되는 것이라고 생각했다. 그는 1665년에 『색의 실험 역사』라는 책을 썼는데 이 책에서 보일은 시약을 이용해 산과 알칼리를 구별하는 방법을 알아냈다.

활동수업

산과 알칼리가 어떤 곳에 사용되는지 알아보자.

교과 연계 내용

보일의 법칙

이번에는 기체와 관련된 중요한 법칙인 보일의 법칙에 대해 알아보자. 보일의 법칙은 기체의 부피와 압력과의 관계에 대한 법칙으로 기체의 압력과 부피가 서로 반비례한다는 내용이다.

돌멩이를 누르면 부피가 줄어들지 않지만 풍선을 누르면 부피가 줄어든다. 돌멩이는 고체 상태의 물질이지만 풍선 속에는 기체 상태의 물질인 공기가 들어 있다. 공기와 같은 기체는 이렇게 외부에서 작용하는 압력이 커지면 부피가 줄어드는 성질이 있는데 이것이 바로 보일의 법칙이다.

이제 보일의 법칙이 어떻게 발견되었는가에 대해 알아보자. 아리스토텔레스를 지지하는 과학자들은 물질이 없는 상태인 진공을 만드는 것이 불가능하다고 믿었다. 하지만 17세기에 토리첼리는 길이가 1미터인 유리관에 수은을 가득 채워 그것을 수은이 가득 담긴 통에 거꾸로 세우는 실험을 했다. 수은은 76센티미터 높이까지 내려왔고 수은의 위쪽 24센티미터 부분은 아무것도 없는 진공 상태가 되었다. 즉, 토리첼리는 처음으로 진공을 만드는 데 성공한 것이다. 그 후 괴리케는 유리관에서 공기를 빼내 진공 상태를 만들 수 있는 진공펌프를 발명하여 진공 속에서는 불꽃이 꺼지고 소리가 들리지 않는다는 것을 알아냈다.

보일은 1655년부터 1668년까지 옥스퍼드대학에 있는 동안 그의 조수인 후크와 함께 괴리케의 진공펌프보다 훨씬 개선된 진공펌프를 만들어 진공에 대한 많은 실험을 했다. 그는 진공 용기 속에 공기를 채우고 압력을 다르게 할 때 기체의 부피 변화를 관찰했다. 기체의 압력이 작을 때는 기체가 팽창하여 부피가 커지고 압력이 점점 커질수록 기체가 압축되어 부피가 작아졌다. 그는 이때 기체에 작용한 압력과 기체의 부피를 정확히 측정하여 두 사이에는 반비례관계가 성립한다는 것을 알아냈다. 이것이 바로 그 유명한 보일의 법칙이다.

이것을 식으로 쓰면 다음과 같다.

(기체에 작용한 압력) × (기체의 부피) = (일정)

보일은 용기 안에 갇혀 있는 기체들은 서로 충돌을 하면서 일정한 공간을 확보함과 동시에 일정한 부피를 유지한다고 생각했다. 그는 이런 용기에 외부의 압력이 작용하면 기체들 사이의 간격이 좁아지지만, 이로 인해 충돌이 더 많아져 무한히 좁아지지는 않고 충돌에 의한 반발 압력과 외부에서 작용한 압력이 같아질 때까지 기체의 부피가 줄어들 것이라고 생각했다. 또한 보일은 기체는 외부 압력을 받아 이러한 평형에 도달할 때까지는 부피가 줄어들지만 그 이하로는 더 이상 줄어들지 않고 일정한 부피를 유지한다고 생각했다.

이제 보일의 법칙에 대한 예를 보자. 하늘로 올라간 풍선이 터지는 것은 보일의 법칙 때문이다. 풍선이 위로 올라갈수록 주변의 공기들이 희박해지므로 풍선을 누르는 압력이 점점 작아진다. 그러므로 보일의 법칙에 따라 풍선 속의 수소 기체의 부피가 점점 커지게 되고 이렇게 커지는 부피를 풍선이 감당하지 못하여 풍선이 터지게 된다.

콜라병을 따면 기포가 튀어 나오는 것 역시 보일의 법칙과 관계가 있다. 콜라 속에는 이산화탄소 기체가 녹아 있다. 이산화탄소 기체는 물에 잘 녹지 않기 때문에 억지로 이 기체를 물에 녹이기 위해 높은 압력으로 유지시킨다. 즉, 병을 따기 전의 병 속은 높은 압력 상태이다. 뚜껑을 열면 병 속에 있는 공기들이 밖으로 뛰쳐나가면서 압력이 낮아진다. 그러므로 보일의 법칙에 따라 이산화탄소의 부피가 커져 점점 큰 기포로 변해 밖으로 빠져나오게 된다.

또 다른 예로는 산에 오를 때 귀가 멍해지는 것을 들 수 있다. 고막은 귀 안과 귀 밖의 경계면이다. 지상에서는 귀 안의 압력과 귀 밖의 압력이 같지만 산 위로 올라가면 귀 안의 압력은 그대로이지만 귀 밖의 압력은 작아지므로 고막이 밖으로 밀리게 된다. 이것은 귀 안의 공기가 팽창하기 때문이다. 그래서 귀가 멍해지게 되는 것이다.

03

플로기스톤과 질량보존의 법칙

1 플로기스톤 이론

중세의 화학자들은 물질이 타는 이유에 대해 궁금해 했다. 물질이 타는 원리에 대해 처음 의문을 품은 사람은 독일의 의과대학 교수인 베허였다.

베허는 1635년 5월 6일 독일 남서부의 슈파이어에서 태어났다. 그의 아버지는 루터교의 목사님이었는데 그가 열세 살 때 세상을 떠났다. 그래서 그는 가족을 위해 일과 공부를 병행할 수밖에 없었다. 1657년에 그는 마인츠대학의 의학교수가 되었고, 3년 후 동물, 식물, 광물에 대한 책을 출간했다. 또한 1669년에 베허는 물질의 연소에 대한 연구 내용을 발표했다. 그는 모든 물체가 공기, 물과 세 종류의 흙으로 이루어져 있다고 생각했다. 그는 세 종류의 흙으로 기름흙, 수은흙, 암석흙을 들었다. 그는 물질이 타면 물질 속에 들어 있던 기름흙이 빠져나간다고 생각했다.

독일의 화학자이자 의사인 슈탈은 베허에 이어 연소 이론을 발표하였다. 1659년 브란덴부르크에서 태어난 그는, 1683년 예나대학의 의학교수가 되어 생물과 무생물의 변화에 대한 차이를 연구하던 중 물질의 연소이론에 관심을 가지게 되었다.

3-1 〈베허〉

3-2 〈슈탈〉

슈탈은 기름흙을 플로기스톤이라고 불렀는데 이는 그리스어로 '불에 탄 것'이라는 뜻이다. 물체를 태웠을 때 나오는 연기에 대해 슈탈은 이를 나무 속의 플로기스톤이 나오는 것이라고 설명했다. 또 그는 플로기스톤은 눈에 보이는 것과 눈에 보이지 않는 것 두 가지 종류가 있다고 생각했다.

한편 물질이 타는 현상을 연소현상이라고 부르는데 슈탈은 연소현상에 대해 플로기스톤이 발생하는 현상으로, 원래 물질 속에 들어 있던 플로기스톤이 연소 반응을 통해 튀어나오는 것이라고 설명했다. 슈탈은 나무가 돌보다 잘 타는 이유 또한 플로기스톤이 나무에 더 많이 들어 있기 때문이라고 하였다.

모든 금속은 녹이 스는데 이에 대해 슈탈은 금속이 녹이 스는 과정 역시 플로기스톤이 빠져 나가는 것이라고 하였으며, 금속이 녹슬 때 연기가 나지 않는 이유는 눈에 보이지 않는 플로기스톤이 빠져나가기 때문이라고 하였다. 플로기스톤은 당시 많은 화학자들의 지지를 받았는데 이는 물질이 타는 현상과 금속이 녹스는 현상들에 대한 설명이 용이하였기 때문이었다.

하지만 베허와 슈탈의 플로기스톤 이론은 큰 문제를 안고 있었다. 그것은 바로 금속이 녹스는 과정에서 발생한 문제였다. 플로기스톤 이론에 따르면 플로기스톤이 빠져나갔기 때문에 녹슨 철이 더 가벼워져야 하는데 철은 녹이 슬면 더 무거워진다. 플로기스톤의 지지자들은 이것은 플로기스톤이 음의 질량을 가지고 있다는 궤변을 늘어놓았다. 그들은 음의 질량이 빠져나가므로 녹슨 철이 더 무거워진 것이라는 억지를 부렸다. 플로기스톤을 믿는 과학자들은 심지어 사람이 죽는 것도 플로기스톤이 모두 빠져 나갔기 때문이라고 설명했다.

활동수업

플로기스톤 이전의 사람들은 연소에 대해 어떻게 생각했는지 조사해 보자.

2 눈에 보이지 않는 기체의 발견

기체들 중에는 염소처럼 눈에 보이는 것도 있고 산소와 수소처럼 눈에 보이지 않는 기체도 있다. 그렇다면 눈에 보이지 않는 기체를 어떻게 발견했을까? 플로기스톤에 눈에 보이지 않는 기체와 눈에 보이는 기체가 있다는 것을 알아낸 화학자들은 눈에 보이지 않는 플로기스톤을 발견하려는 무수한 시도를 했는데 이것이 바로 눈에 보이지 않는 기체를 발견하는 계기가 되었다. 즉, 당시 눈에 보이지 않는 플로기스톤은 바로 눈에 보이지 않는 기체였던 것이다.

화학자들은 모든 반응에서 플로기스톤이 나온다고 믿었다. 그들은 이때 나오는 플로기스톤이 눈에 보이지 않을 수도 있으므로 이것을 밀폐된 유리 용기에 모으려고 했다. 이러한 최초의 시도는 영국의 캐빈디쉬에 의해 이루어졌다.

3-3 〈캐빈디쉬〉

이제 최초로 눈에 보이지 않는 기체를 발견한 캐빈디쉬에 대해 알아보자. 캐빈디쉬는 1731년 프랑스 니스에서 태어났다. 1749년 영국 케임브리지대학에 들어간 캐빈디쉬는 학교를 중퇴하고 실험가인 아버지와 함께 런던에서 다양한 과학실험에 몰두했다.

캐빈디쉬는 여성을 혐오하는 성격으로 하녀들과 말도 나누지 않고 모든 전달사항을 일지를 통해 알렸다. 게다가 그는 모든 하녀들에게 자신의 눈에 띄지 말라고 명령했을 정도로 여성 혐오증이 극에 달했다. 극도로 내성적인 캐빈디쉬는 중요한 과학 모임을 제외하고는 집 밖으로 나가지 않았고 자신이 발견한 내용을 발표하는 것을 꺼렸다. 그래서 그가 다른 과학자들보다 먼저 발견한 것이 다른 과학자들의 발견으로 역사에 남게 되는 일이 비일비재했는데 그 대표적인 것이 쿨롱의 법칙과 옴의 법칙이다.

플로기스톤 이론의 신봉자인 캐빈디쉬는 1756년 밀폐된 유리 용기 속에 들어 있는 아연에 염산을 부어 보았다. 그는 이 반응에서 눈에 보이지 않는 플로기스톤이 발생할 거라 생각했다. 그래서 그는 유리 용기에 불씨를 넣어 보았다. 그러자 폭발음과 함께 유리 용기가 산산조각이 났다.

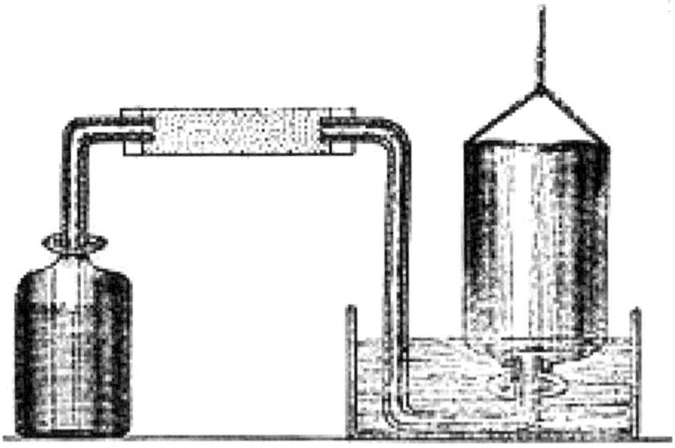

3-4 〈캐빈디쉬가 수소를 발견한 장치〉

이에 그는 만일 눈에 보이지 않는 플로기스톤이 발생하지 않았다면 이런 현상은 일어나지 않았을 것이라 생각했으며, 이 플로기스톤은 아연 속에서 나온 것이라고 생각했다. 그는 이런 성질을 가진 플로기스톤을 '불에 타는 플로기스톤'이라고 불렀다. 훗날 이 플로기스톤은 '수소기체'라는 이름으로 바뀌었다. 그는 이 내용을 「인공공기의 실험」이라는 논문으로 발표했다.

두 번째로 발견된 눈에 보이지 않는 기체는 1774년 프리스틀리가 발견한 산소이다. 프리스틀리는 1733년 영국 필드헤드의 부유한 의류 제작자이자 개신교도인 조너스 프리스틀리와 그의 아내 메리 프리스틀리 사이에서 4남 2녀 중 장남으로 태어났다. 1752년 그는 노샘프턴셔 주의 데번트리 신학교에 입학했다. 그는 신학교에서 정규 교육 과정 이외에도 역사와 철학, 과학 등을 공부했다. 그 후 1755년에 데번트리 신학교를 졸업한 프리스틀리는 목사가 되었으며 1758년에 새로운 학교를 세워 학생들을 가르쳤다. 그는 라틴어와 수학 등을 가르쳤고 공기 펌프와 같은 간단한 자연철학의 실험기구의 원리를 가르쳤다.

신학자이자 과학자인 프리스틀리는 리즈에서 '여러 종류의 공기'에 대한 연구를 시작했다. 리즈는 술을 만드는 것으로 유명한 동네였는데 그는 술을 만들 때 거품이 일어나는 것을 보고 이것이 이산화탄소와 관련 있다는 것을 알아냈다. 당시 눈에 보이지 않는 기체는 공기, 이산화탄소와 캐빈디쉬가 발견한 수소의 세 종류뿐이었는데, 프리스틀리는 금속과 질산을 반응시켜 일산화질소와 이산화질소를 발견했다.

1774년 프리스틀리는 렌즈로 햇빛을 모아 산화수은을 높은 온도로 가열했다. 이 실험은 밀폐된 용기에서 이루어졌고 프리스틀리 역시 이 반응에서 눈에 보이지 않는 플로기스톤이 나온다고 믿었다.

3-5 〈프리스틀리〉

프리스틀리는 용기 안에 들어 있는 플로기스톤의 성질을 알아보고 싶어 했다. 이에 그는 다 꺼져가는 불꽃을 용기 안에 밀어 넣었다. 그러자 불꽃이 다시 활활 타오르기 시작했다. 이에 그는 이 플로기스톤이 물질의 연소를 도와준다는 사실을 알게 되었는데 이것이 바로 산소 기체이다.

프리스틀리는 산소 기체로 더 많은 실험을 했다. 그는 산소가 모여 있는 용기 속에 쥐를 집어넣어 보았다. 그러자 쥐는 자연의 공기 속에서보다 더 활발하게 움직였다. 밀폐된 유리 용기 안에 보통의 공기가 들어 있다면 쥐가 십오 분 정도 숨을 쉴 수 있는 데 반해 산소가 들어 있는 유리 용기 안의 쥐는 사십오 분 동안 숨을 쉴 수 있었다. 산소가 좋은 성질을 가진 플로기스톤이라고 생각한 프리스틀리는 산소를 직접 마셔 보고 가슴이 상쾌해지는 기분을 느낄 수 있었다. 그는 산소의 발견에 대한 모든 내용을 「여러 종류의 기체에 관한 실험과 관찰」이라는 논문으로 발표했다.

1772년 프리스틀리는 물에 이산화탄소를 녹여 탄산수를 제작하는 방법을 개발하기도 했다. 이산화탄소를 물에 녹일 수 있는 장치를 발명해 탄산수를 만들어 낸 그는 탄산수가 물에 활기를 되찾게 할 수 있다고 여겼고 이것은 다른 사람들에 의해 상업적으로 이용되었다.

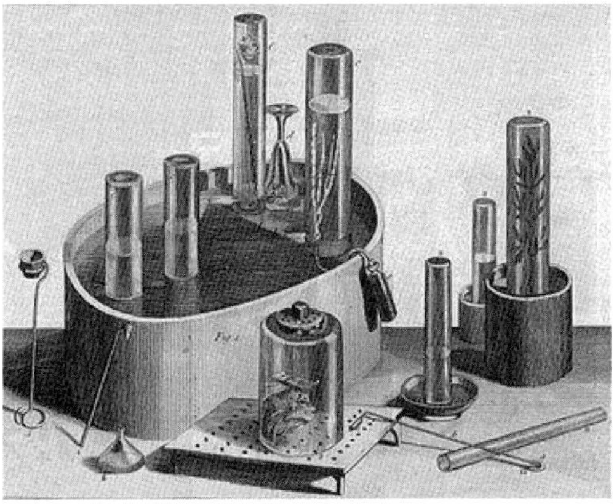

3-6 〈프리스틀리의 실험장치〉

또한 그는 이산화탄소가 녹아 있는 물에서 자라는 식물에서 산소가 나온다는 것을 알아냈다.

산소의 발견자에 대해서는 다른 이야기도 있다. 스웨덴의 셸레는 약사 조수로 일하면서 틈틈이 화학실험을 했다. 이 과정에서 그는 염소, 바륨, 망간, 질소 등을 발견했다. 또한 1771년 셸레는 산화수은을 가열하여 새로운 기체를 발견했는데 그 기체 속에서는 물질이 더욱 잘 탔기 때문에 '불공기'라고 불렀다. 이것이 바로 산소 기체이다. 그는 이러한 산소의 발견을 포함한 많은 내용을 담은 책을 출판하려 했지만 스웨덴의 유명한 과학자인 베리만이 책의 머리말을 1777년까지 써주지 않아 프리스틀리에게 최초의 산소 발견자의 자리를 넘겨주었다.

활동수업

1) 산소, 수소, 질소의 성질에 대해 알아보자.

2) 이산화탄소와 일산화탄소의 차이에 대해 알아보자.

교과 연계 내용

이산화탄소

이산화탄소는 탄소와 산소의 화합물이다. 이산화탄소는 1756년 블랙에 의해 발견되었다. 그는 염기성탄산마그네슘을 강하게 가열하였더니 질량의 12분의 7이 감소했다는 사실을 알아냈다. 그는 손실된 질량만큼 다른 기체로 빠져나갔다고 믿었는데 이 기체가 바로 이산화탄소이다.

1767년 리즈에 있는 밀힐 교회의 목사인 프리스틀리는 교회 주위에는 양조장이 있어 발효 과정에서 이산화탄소가 많이 발생하는 것을 관찰했다. 그는 이 기체를 모아 그 성질을 알아보았다. 그는 이 기체 속에 생쥐를 넣었더니 생쥐가 바로 죽었고, 이 기체 속에서는 불이 꺼진다는 것을 알아냈다. 하지만 이 기체는 식물에게는 없어서는 안 될 기체라는 것을 알아냈다. 즉, 식물은 이 기체 속에서 오히려 더 잘 자란다는 것이다.

또한 프리스틀리는 콜라와 사이다와 같은 탄산음료를 처음 발명한 사람이다. 탄산음료는 이산화탄소가 물에 녹아 있는 음료로서 이렇게 물에 다른 물질이 녹아 있는 것을 용해라고 한다. 예를 들어 설탕물은 물에 설탕이 용해되어 있다. 하지만 이산화탄소와 같은 기체가 물에 녹아 있는 것도 용해라고 부른다. 어떤 물질이든지 물에 녹을 수 있는 최대량이 있다. 과학자들은 물 100g에 녹을 수 있는 물질의 양을 그 물질의 용해도라고 부른다.

물질의 용해도는 물질의 종류에 따라 다른데, 예를 들어 물 100g에서는 설탕이 204g까지 녹지만 소금은 36g까지만 녹는다. 즉, 설탕의 용해도는 204이고 소금의 용해도는 36이다.

물질이 기체일 때는 설탕이나 소금 같은 고체보다 훨씬 더 물에 녹기가 어렵다. 그러므로 기체의 용해도는 고체의 용해도에 비해 작다. 기체 역시 종류에 따라 용해도가 다르다. 산소나 수소는 물에 거의 녹지 않고 이산화탄소는 조금 녹고 암모니아와 염화수소는 물에 아주 잘 녹는다.

기체의 용해도는 고체에 비해 작기 때문에 이산화탄소를 물에 녹게 하려면 높은 압력을 공급해야 한다. 콜라와 사이다 같은 탄산음료는 높은 압력으로 이산화탄소가 녹아 있는 물(소다수)에 다른 물질을 넣어 만든 음료수이다. 그러므로 콜라나 사이다 병 속은 공기의 압력이 높다. 그 압력 때문에 이산화탄소가 녹아 있다가 뚜껑을 열면 병 속의 공기가 대기로 날아가 압력이 낮아지므로 음료 속의 이산화탄소가 대기로 빠져나가면서 주위의 음료를 밀어낸다. 그래서 콜라나 사이다는 음료의 알갱이가 위로 튀어 오르는 성질이 있다.

이산화탄소는 화산 지역에 많이 발생한다. 이산화탄소가 공기 중에 25%를 넘으면 사람들이 죽게 되는데 화산 지역의 동굴에서 잠을 자던 사람들은 이런 이유 때문에 죽기도 한다. 1986년 카메룬의 니오스 호수에서는 화산 폭발로 600만 톤의 이산화탄소가 한꺼번에 뿜어 나와 주위 마을을 덮쳐 1,700명의 주민이 목숨을 잃기도 했다.

3 최초의 화학법칙 : 질량보존의 법칙

플로기스톤 이론은 라부아지에의 질량 보존의 법칙이 나오면서 자취를 감추게 된다. 질량보존의 법칙은 천재적인 화학자 라부아지에의 거듭된 실험을 통해 발견되었다. 라부아지에의 질량보존의 법칙이 나오기 전에 많은 과학자들이 화학반응 전후의 물질의 질량에 관심을 가졌다. 삼차방정식의 근의 공식을 처음 발견한 이탈리아의 카르다노는 납을 태우면 질량이 3분의 1 정도 증가한다는 사실을 알아냈다.

18세기에 들어서 저울이 화학실험에 많이 사용되기 시작했다. 화학실험에서 저울을 처음 도입한 사람은 스코틀랜드 화학자 블랙이다. 그는 이 사실을 1755년에 발표했다. 그는 수산화탄산마그네슘을 가열하면 마그네시아로 변하는데 질량이 12분의 7정도 줄어든다는 것을 알아냈다.

18세기 중엽 과학자들은 어떤 원소가 다른 원소로 변하는 과정에 대한 여러 실험을 했다. 이러한 실험적인 사실을 토대로 라부아지에의 질량보존의 법칙이 탄생하게 된다.

라부아지에는 1743년 프랑스 파리에서 태어났다. 그는 1768년 스물다섯 살의 젊은 나이에 각 분야의 전문가들만이 될 수 있는 프랑스 아카데미 회원으로 선발됐다. 그 해 라부아지에는 페르메라는 회사에 들어갔다. 이 회사는 정부 대신 세금을 징수하는 역할을 맡아 국민들의 원성을 샀다. 1775년 라부아지에는 화학공사에 들어가 화약의 질을 개선하고 현대의 미터법으로 발전되는 도량체계를 고안했다. 1789년 라부아지에는 『화학개요』라는 책을 썼는데 이 책에서 그는 기체의 조성과 분리, 화학반응에서의 질량보존의 법칙에 대해 자세히 설명했다.

3-7 〈라부아지에〉

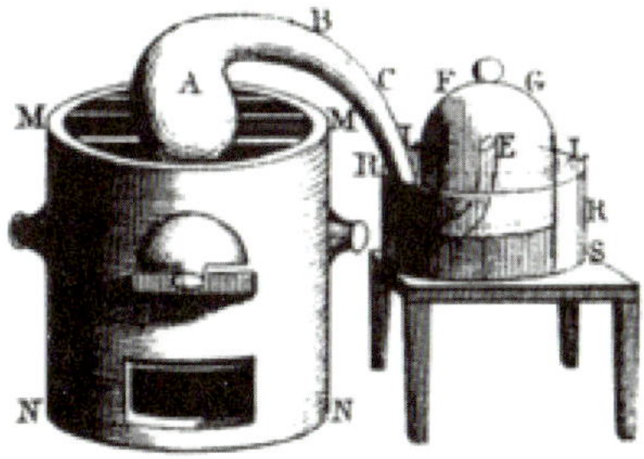

3-8 〈라부아지에의 실험장치〉

프랑스 대혁명 이후 국민의회는 국민들에게 가혹한 세금을 징수한 페르메의 직원들 대부분을 사형에 처했는데 라부아지에도 1794년 5월 8일 국민재판에 회부되어 단두대의 이슬로 사라지게 된다.

라부아지에의 첫 업적은 1769년에 시작된다. 당시 유리 용기에 담긴 물을 끓이면 고체 상태의 물질이 바닥에 가라앉았는데 대부분의 과학자들은 이 현상에 대해 물이 흙으로 변하기 때문이라고 믿었다. 그는 반응 전후 유리 용기의 질량을 정밀하게 측정하였는데, 그 결과, 반응 후에는 유리 용기가 조금 가벼워진다는 사실을 알아냈다. 이로써 그는 바닥에 가라앉은 물질은 물이 흙으로 변한 것이 아니라 유리가 녹아서 나온 것임을 알아냈다. 이 실험으로 인해 라부아지에의 이름은 과학자들 사이에 널리 알려지게 되었다.

1772년 라부아지에는 커다란 렌즈를 이용하여 다이아몬드를 연소시키면 질량이 증가한다는 것을 알아냈다. 그는 연소된 물질이 더 무거우므로 연소 반응은 플로기스톤이 빠져나가는 반응이 아니라 질량을 가진 어떤 눈에 보이지 않은 기체와 결합하는 것이라고 생각했다. 그는 이 기체가 공기에 들어 있다고 짐작은 했지만 정확히 어떤 종류의 기체인지는 알 수 없었다.

1774년 프리스틀리가 라부아지에를 방문해 자신이 발견한 산소 기체에 대해 들려주었고 라부아지에는 자신이 짐작한 기체가 산소라는 믿음을 가졌다. 이렇게 프리스틀리의 산소 발견과 라부아지에의 연구를 통해 물질이 타는 것은 물질이 공기 중의 산소와 결합하는 것임이 밝혀졌다.

라부아지에는 밀폐된 유리 용기에서 연소 반응을 시켜 연소 반응 전후의 질량을 비교해 보기로 했다. 반응 전에 물질이 들어 있는 유리 용기의 질량은 물질의 질량과 공기의 질량 그리고 유리 용기의 질량의 합이다. 그는 연소 반응을 한 후 연소된 물질의 질량은 무거워진 반면 공기가 들어 있는 유리 용기의 질량은 줄어들었다는 것을 발견했다. 그는 공기 속에 있던 산소가 물질과 결합하여 연소된 물질을 만들었다고 확신했다.

3-9 〈라부아지에의 실험장치〉

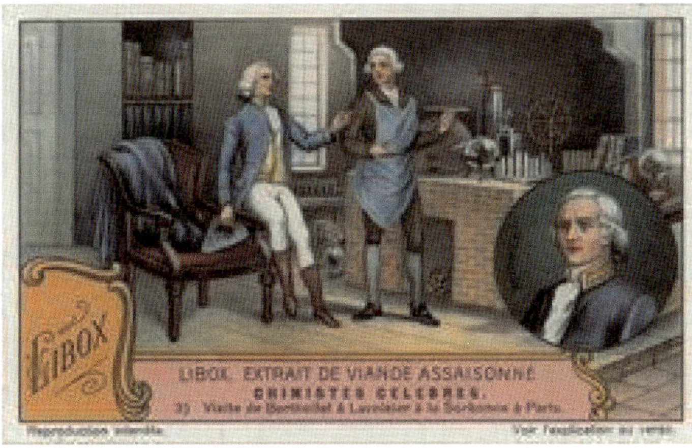

3-10 〈라부아지에의 실험장치〉

라부아지에는 이 반응에서 반응 전후 물질의 질량이 달라지지 않는다는 것을 발견했는데 이것이 유명한 질량보존의 법칙이다.

공기 속에 물질의 연소를 돕는 산소 기체가 있다는 것이 밝혀진 후 연소와 관련 없는 기체로는 무엇이 있을까에 대한 연구가 활발하게 진행되었다. 이 문제는 산소에 대한 전문가 삼총사인 셸레, 프리스틀리, 라부아지에가 모두 관심을 가지고 있었다. 셸레는 산소를 제외한 나머지의 공기 부분은 물질의 연소 반응을 더 이상 일으키지 않는 질소라는 것을 알아냈다. 라부아지에도 셸레와 같은 생각을 가졌고 산소와 질소의 구성비가 1 : 3 이라고 주장했다. 하지만 라부아지에의 구성비는 옳지 않았다. 얼마 후 프리스틀리는 정확한 실험에 의해 공기를 이루는 산소와 질소의 구성비가 1 : 4 라는 것을 알아냈다.

라부아지에는 산소가 금속이 아닌 물질과 반응하여 산을 만든다고 생각하고 프리스틀리가 발견한 기체에 산소라는 이름을 붙였다. 산소를 나타내는 영어 oxygen 은 '산을 만드는 것'이라는 뜻이다. 예를 들어 황산은 황과 수소와 산소로 구성되어 있다. 하지만 1810년 데이비가 산소가 들어 있지 않고 염소와 수소로만 이루어진 염산을 발견함으로써, 산소가 모든 종류의 산을 만든다는 라부아지에의 이러한 생각은 자취를 감추었다.

활동수업

눈에 보이지 않는 기체와 눈에 보이는 기체에는 어떤 것들이 있는지 찾아보자.

교과 연계 내용

공기

공기 속에 또 다른 기체로는 어떤 것들이 있을까? 질소나 산소만큼 많지는 않지만 공기는 이산화탄소, 아르곤 등을 포함하고 때와 장소에 따라 수증기, 아황산가스, 일산화탄소, 암모니아, 탄화수소 등의 기체 또는 먼지, 꽃가루, 미생물, 염화물 등의 무기물, 타르 성분 등을 포함하고 있다.

여러 가지 기체

이번에는 무시무시한 기체에 대해 알아보자. 우선 불이 잘 붙어서 위험한 기체로는 메탄가스를 들 수 있다. 메탄가스는 탄소와 수소의 화합물인데 불에 아주 잘 붙는 성질을 가지고 있다.

또 다른 위험한 기체로 플루오르라는 기체가 있다. 플루오르는 흔히 불소라고도 부른다. 플루오르는 치아가 썩는 것을 막아주는 치약의 주성분이지만 플루오르가 너무 많이 포함되면 치아를 녹여 치아가 끔찍한 색으로 변할 수도 있다. 플루오르는 16세기부터 그 존재가 알려져 있었지만 공식적으로는 1886년에 무아상이 플루오르화수소칼륨을 전기

분해하여 처음 발견했다.

염소도 아주 위험한 기체이다. 염소 속에는 독이 들어 있다. 염소는 황록색을 띠는데 조금만 마셔도 사람이 목숨을 잃을 수 있어서 독가스로 사용된다. 제1차 세계대전 때는 염소 기체가 무기로 사용되어 수많은 사람들이 염소를 들이 마신 후 피를 토하고 질식해 죽기도 했다.

또 다른 위험한 기체로는 일산화탄소를 들 수 있다. 일산화탄소는 탄소와 산소의 화합물의 하나이다. 탄소와 산소의 화합물에는 이산화탄소와 일산화탄소가 있다. 이산화탄소는 탄소 원자 한 개와 산소 원자 두 개로 이루어진 화합물이지만 일산화탄소는 탄소 원자 한 개와 산소 원자 한 개로 이루어져 있다. 일산화탄소는 아주 작은 양만 마셔도 바로 목숨을 잃는 무서운 기체이다. 일산화탄소가 폐로 들어가면 피 속의 헤모글로빈과 결합하여 헤모글로빈의 활동을 방해한다. 헤모글로빈은 온 몸의 세포에 산소를 공급하는 역할을 하는데 일산화탄소와 결합한 헤모글로빈이 그 역할을 하지 못하므로 몸에 산소공급이 중단되어 목숨을 잃게 된다.

일산화탄소는 산소의 양이 충분하지 않은 상태에서 물질을 태울 때 쉽게 발생하며 이런 연소를 불완전연소라고 부른다. 물질이 충분한 산소의 공급으로 완전연소를 하면 이산화탄소가 발생하지만 불완전연소가 되면 무시무시한 일산화탄소가 발생한다.

04

원자와 분자의 발견

1 돌턴의 원자설

'근대화학의 아버지', '화학의 언어를 발명한 인물'로 칭송되고 있는 돌턴은 영국의 컴벌랜드 주의 작은 촌락인 이글스필드에서 태어났다. 그의 아버지는 아주 가난한 직물공이었고, 형제 또한 많아서 어릴 때부터 집안이 가난했다. 돌턴의 가족들은 청빈하고 성실하게 사는 퀘이커교도였기에 그도 일생 동안 퀘이커교도로 살았다.

돌턴이 받은 유일한 학교 교육은 마을의 초등학교뿐이었지만 그는 열두 살에 학교를 만들어 아이들을 가르치기 시작하였다. 그가 열다섯 살 때는 형과 함께 켄달에서 학교를 경영하였으며, 이때 돌턴은 수학, 라틴어, 그리스어, 프랑스어 등을 독학으로 공부했다. 켄달에 있는 동안 그는 여가를 활용하여 기상관측에 관한 많은 논문을 작성하였는데, 그는 1777년부터 날마다 천기와 기상관계를 기록하였고 이를 죽기 전까지 계속했다. 이 기온의 측정이 얼마나 규칙적이었는지, 그의 연구실 부근의 사람들은 그가 기온을 잴 때 자기들의 시계를 맞추기까지 하였다고 할 만큼 마치 시계처럼 움직였다고 한다.

4-1 〈돌턴〉

뿐만 아니라 돌턴의 연구는 다방면에 미쳐서 때로는 식물학, 곤충학, 수학에까지 연구의 손을 뻗었는데 1793년 맨체스터의 뉴 칼리지로 옮겨 자기 연구 수행에 많은 편의를 제공받았다. 돌턴은 이 학교에서 수학과 과학철학을 강의하였는데 1793년 그곳에서 그의 첫 번째 저서 『기상관측과 에세이』를 출간했다.

또한 돌턴은 아주 심한 색맹이었다. 붉은 빛깔이 돌턴에게는 항상 녹색으로 보였고, 이러한 계기로 1794년 10월에 색맹이 일어나는 이유에 대한 최초의 논문을 발표했다. 그래서 오늘날 색맹을 돌터니즘(Daltonism)이라고 부른다.

돌턴은 맨체스터 문학 및 철학 협회의 회원으로 활동하면서 물에 녹는 기체의 용해도로 유명한 헨리와 우정을 쌓았고 그 인연으로 훗날 돌턴은 원자설을 이용하여 기체의 용해도를 완벽하게 설명할 수 있었다.

돌턴은 1803년 원자설을 발표하였고 그 내용은 1808년에 출간된 『화학철학의 새로운 체계』에서 집대성되었다. 1805년에는 수소 원자의 질량을 1이라고 할 때 다른 원자들의 상대적인 질량을 나타내는 원자량을 발표했다. 원자설로 유명해진 돌턴은 1822년 맨체스터 문학 및 철학 협회의 회장이 되었다. 조용히 개인 교습을 하며 고양이 한 마리와 함께 평생을 독신으로 살았던 위대한 화학자 돌턴은, 1844년 마지막으로 자신의 눈을 색맹 연구용으로 기증하고 세상을 떠났다. 돌턴의 조각상은 그가 살아생전에 세워졌는데, 이는 1838년 공공 모금을 통해 만들어졌다. 그만큼 돌턴에 대한 맨체스터 시민들의 존경심이 얼마나 대단했는지를 짐작할 수 있는 부분이다.

이제 돌턴이 어떻게 원자의 실체를 알아냈는지 살펴보자. 이를 위해서는 돌턴에게 영향을 준 과학자들의 이야기를 먼저 꺼내야 한다. '한 화합물을 구성하는 성분물질의 구성비는 일정하다'는 이론을 일정성분비의 법칙이라고 한다. 1799년 이를 제창한 프랑스의 화학자 프루스트는 천연적으로 존재하는 염기성 탄산구리와 실험실에서 만든 염기성 탄산구리를 분석하였을 때, 두 화합물의 조성비가 같다는 사실을 발견했다. 그리하여 그는 두 물질이 반응하여 한 화합물을 만들 때에는 언제나 일정한 비율로 결합한다고 제안했다. 즉, 반응 물질들이 어떤 양으로 섞여 있더라도 이들은 언제나 일정한 비율로 결합하여 반응 결과 생성된 물질의 조성은 달라지지 않는다는 것이다.

하지만 19세기 전까지만 하더라도 많은 화학자들은 화합물을 구성하는 성분 물질의 질량비가 일정하지 않다고 생각했다. 그 중 프랑스의 베르톨레는 프루스트에 대항하여 화합물을 만드는 방법에 따라 그 조성이 여러 가지로 달라지며 아주 특별한 때에만 일정성분비의 법칙이 성립한다고 보아 하나의 화합물에서 물질의 조성은 일정하지 않다고 맞섰다. 즉, 그는 철의 산화물들을 분석하여 그 조성비가 일정하지 않다고 주장했는데 이는 어떤 철의 산화물에서는 철과 산소의 조성비가 56 : 16이고 또 다른 철의 산화물에서는 철과 산소의 조성비가 56 : 24라는 실험 결과를 내세워 프루스트가 옳지 않다고 반박했다.

하지만 이것은 철의 산화물이 두 종류라는 것을 몰랐던 베르톨리의 결정적인 실수였다. 철과 산소의 조성비가 56 : 16인 산화철은 산화제일철(FeO)이고 조성비가 56 : 24인 산화철은 산화제이철(Fe_2O_3)이었던 것이다. 결국 프루스트에 의하면 산화제일철과 산화제이철은 서로 다른 화합물이므로 그 조성비가 같을 필요가 없었던 것이 밝혀졌다. 이에 8년 동안 학계의 화제를 모아 온 두 사람의 싸움은 마침내 프루스트의 승리로 끝나게 되었다. 결국 "같은 화합물에서는 각 성분이 일정한 질량비를 갖는다"라는 프루스트의 주장은 승리를 거두게 된 것이다.

프루스트와 베르톨레의 승패에 결정적인 역할을 한 것은 두 원소가 서로 다른 화합물을 만든다는 것이었다. 예를 들면 탄소와 산소의 화합물에도 이산화탄소와 일산화탄소 두 종류의 화합물이 있다. 일산화탄소에서 탄소와 산소의 조성비는 12 : 16이고, 이산화탄소에서의 조성비는 12 : 32이다. 이는 탄소 12g과 산소 16g이 반응하면 일산화탄소 28g이 되고, 탄소 12g과 산소 32g이 반응하면 이산화탄소 44g이 된다는 것을 의미한다.

돌턴은 두 종류의 탄소 산화물에서 같은 양의 탄소와 반응하는 산소의 질량비를 조사하였는데, 이때 일산화탄소에서 탄소 1g과 반응하는 산소의 양은 $\frac{16}{12}$g이고 이산화탄소에서는 $\frac{32}{12}$g이 되므로 두 화합물에서 반응하는 산소의 질량비는 $\frac{16}{12} : \frac{32}{12} = 1 : 2$가 되어 간단한 정수비를 이루게 된다는 것을 알아내게 되었다. 이것이 바로 돌턴의 배수비례의 법칙이다. 배수비례의 법칙을 정리하면 다음과 같다.

> 두 종류의 원소가 화합하여 두 가지 이상의 화합물을 만들 때, 한 원소의 일정량과 결합하는 다른 원소의 질량비는 항상 간단한 정수비가 성립한다.

배수비례의 법칙은 산소나 탄소가 더 이상 쪼개어지지 않는 가장 작은 알갱이들로 이루어져 있다는 것을 나타내는데 돌턴은 이를 원자라고 불렀다. 이에 따르면 화합물을 만드는 각 원소의 원자수는 항상 일정하고 같은 원소의 원자는 모두 같은 질량을 가지고 있게 된다는 것이다. 돌턴은 『화학철학의 새로운 체계』에서 원자설에 대해 다음과 같이 요약했다.

● 돌턴의 원자설

1. 물질은 더 이상 쪼갤 수 없는 가장 작은 알갱이인 원자로 이루어져 있다.
2. 원자의 종류는 원소에 따라 정해지며, 같은 원소의 원자는 질량과 성질이 서로 같고, 다른 종류의 원자는 질량과 성질이 서로 다르다.
3. 화학 변화가 일어날 때 원자는 새로 생성되거나 소멸되지 않는다.
4. 화학 변화는 원자들이 서로 결합하거나 분해하는 변화이므로 화학 변화의 기본 단위는 원자이다.
5. 화합물이 생길 때에는 각 원소의 원자 사이에 간단한 정수비로 결합한다.

돌턴의 원자설에 따르면 원자들마다 그 크기와 질량이 다르다는 것을 알 수 있는데, 돌턴은 이 점을 이용하여 용해도를 설명했다.

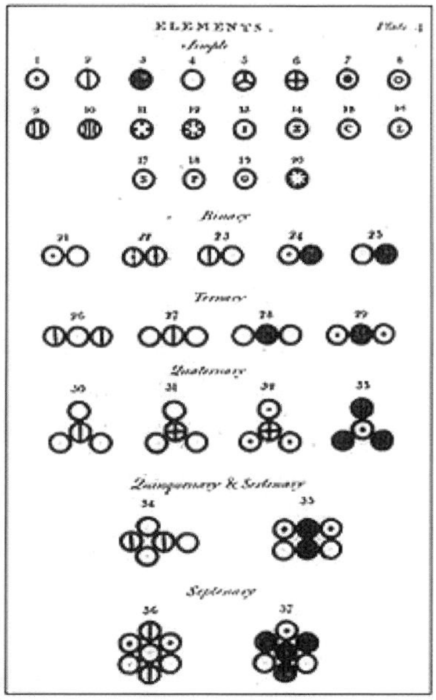

4-2 〈돌턴의 원소기호〉

이때 용해도란 물질이 물에 녹는 정도를 나타내는 양으로 물 100g에 최대로 녹을 수 있는 물질의 양을 말한다. 예를 들면 용해도가 36인 소금은 물 100g에 소금이 최대 36g까지 녹을 수 있다는 것이다.

돌턴은 용해도가 높은 물질과 낮은 물질의 차이는 그 물질을 이루는 원자의 크기와 관계가 있다고 생각했는데 이는 축구공이 가득 들어 있는 상자에 농구공을 넣기는 힘들지만 축구공보다 작은 골프공은 넣을 수 있다는 것을 말한다. 즉, 물을 이루는 원자들의 크기에 비해 작은 크기를 가진 원자로 이루어진 물질은 물속에 더욱 잘 녹을 수 있다는 것이 용해도에 대한 돌턴의 생각이었다. 또한 처음으로 원자들의 기호를 만든 돌턴은 원자를 동그라미로 나타냈는데 그것은 원자의 모양이 공처럼 둥근 모양일 것이라고 생각했기 때문이었다.

화합물에 대한 돌턴의 생각은 어떠했을까? 두 종류의 원자들이 화합물을 만든다고 여겼던 돌턴은 물 역시 산소와 수소의 화합물이므로 산소 원자 한 개와 수소원자 한 개로 이루어져 있다고 생각했다.

활동수업

색맹은 왜 생기는지 알아보자.

교과 연계 내용

배수비례의 법칙은 왜 원자설과 관계가 있는가?

배수비례의 법칙이 원자설과 관계있는가는 간단한 비유를 통해 알 수 있다. 주머니 속에 검은색과 흰색의 바둑알 여러 개가 마구 섞여 있다고 하자. 이때 검은색과 흰색의 바둑알들은 서로 다른 원소가 된다. 여기서 아무렇게나 한 움큼 꺼내 보자. 처음 꺼냈을 때 검은 바둑알이 세 개, 흰 바둑알이 두 개라고 한다면 이들을 접착제로 붙여 보자. 이것이 바로 검은 원소와 흰 원소로 이루어진 화합물이다. 또 다시 한 움큼 꺼내보자. 이번에는 검은 바둑알 두 개와 흰 바둑알 한 개라고 한다면, 접착제로 붙인 이들 역시 검은 원소와 흰 원소로 이루어진 또 다른 화합물이 된다. 이때 두 화합물에서 한 개의 검은 바둑알과 결합한 흰 바둑알의 개수의 비는 $\frac{2}{3}:\frac{1}{2}$ 이 된다. 비례식에 같은 수를 곱해도 비 값이 같아지므로 이 비는 4 : 3이 되어 간단한 정수의 비를 이루게 된다. 이는 주머니 속에 같은 종류의 바둑알들이 들어 있었기 때문이다. 즉, 검은 바둑알 한 개는 검은 원소를 이루는 가장 작은 알갱이인 원자를 나타내므로 배수비례의 법칙이 성립한다는 것은 바로 원소들이 원자라는 가장 작은 알갱이로 이루어져 있다는 것을 나타낸다.

2 아보가드로의 분자설

1808년 프랑스의 과학자 게이뤼삭은 돌턴의 원자설로는 설명할 수 없는 법칙을 발견했다. 기체끼리 반응하여 다른 기체가 생길 때라든지 어떤 물질이 두 가지 이상의 기체로 분해될 때에는 각각의 부피 사이에 정수비가 성립하게 되는데 이를 기체반응의 법칙이라고 부른다. 예를 들어 수소와 산소가 반응하여 수증기를 만들 때 이 기체들의 부피의 비는 2 : 1 : 2가 된다.

왜 이것을 원자로는 설명할 수가 없을까? 반응 전 수소와 산소의 부피의 비는 2 : 1이다. 이에 ●를 수소원자로, ○를 산소 원자로 본다면 수증기는 산소와 수소로 이루어진 화합물이므로 돌턴의 주장대로라면 ●○라고 표시해야 할 것이다. 이를 다음과 같이 나타낼 수 있다.

●● + ○ → ● ○ ● ○

이 반응을 보면 반응 전 수소 원자가 두 개, 산소 원자가 한 개이던 것이 반응 후에는 수소원자 두 개 산소 원자 두 개로 늘어났다. 따라서 이는 반응 전후에 질량이 보존되어야 한다는 라부아지에의 질량보존의 법칙에 위배된다.

돌턴의 원자설에 문제점을 드러낸 이 문제를 해결한 사람은 이탈리아의 과학자 아보가드로였다. 1811년 그는 화학반응은 원자들이 아닌 원자 여러 개가 모인 분자가 주인공이어야 한다고 주장했다. 이를테면 수소 분자는 수소 원자 두 개로 이루어져 있다는 것이다. 또한 그는 기체의 부피는 원자의 부피가 아니라 분자의 부피라고 생각했다.

이제 아보가드로의 분자를 이용하여 기체 반응의 법칙을 설명해 볼 수 있다. 수소 분자 두 부피와 산소 분자 한 부피가 화학반응을 하는 것을 분자로 나타내면 다음과 같다.

●●●●+○○

반응 전의 수소 원자의 수는 네 개, 산소 원자의 수는 두 개이다. 이제 물(수증기)분자가 수소원자 두 개와 산소 분자 두 개로 이루어져 있다고 하면 다음과 같은 반응식을 쓸 수 있다.

●●●●+○○→●○●●○●

이 반응식은 반응 전후 원자들이 달라지지 않았고 질량보존의 법칙도 만족시킨다. 그리하여 아보가드로는 화학반응에서의 분자의 역할이 중요함을 알아낼 수 있게 되었고, 우리는 분자가 원자로 이루어져 있음을 알게 되었다.

4-3 〈아보가드로〉

활동수업

아보가드로는 물리학자인지 화학자인지 조사해 보자.

교과 연계 내용

암모니아를 만드는 법

이번에는 수소와 질소가 암모니아를 만드는 경우를 보자. 수소와 질소는 부피의 비가 3 : 1로 반응하여 암모니아 기체 2부피를 만든다. 이것을 원자로 설명할 때 생기는 문제점을 살펴보자. 우선 수소 원자를 ○, 질소 원자를 ●라고 해 보자. 그럼 수소와 질소의 부피의 비가 3 : 1이라는 것은 수소원자 세 개와 질소 원자 한 개가 반응한다는 것을 말한다. 이때 암모니아 기체는 수소원자와 질소 원자로 이루어져 있으므로 ○●라고 나타내게 되고, 다음과 같은 반응식이 얻어진다.

○○○+●→○●○●

이를 통해 반응 전과 반응 후의 수소원자의 개수와 질소 원자의 개수가 다르다는 것을 알 수 있다. 이 문제는 분자를 이용하면 해결할 수 있다. 수소 분자는 수소원자 두 개로, 질소 분자는 질소 원자 두 개로 이루어져 있으므로 이들이 3 : 1의 부피의 비로 반응을 일으키는 것은 다음과 같다.

○○○○○○+●●

이제 암모니아 기체가 세 개의 수소원자와 한 개의 질소 원자로 이루어져 있다고 하면 다음과 같은 반응식이 나온다.

○○○○○○+●●→○○○●○○○●

이때는 반응 전과 후의 수소원자의 개수와 질소 원자의 개수가 보존되므로 화학반응의 주인공은 원자가 아니라 분자이다.

냄새가 나는 이유

분자는 맨눈으로는 볼 수 없을 정도로 매우 작다. 예를 들어 물 분자 하나의 지름은 약 1억분의 2센티미터 정도이다. 분자의 크기는 분자마다 다른데 가장 작은 분자인 수소 분자는 물 분자의 크기의 9분의 1 정도이고 물 분자의 수십만 배 수백만 배나 되는 큰 덩치의 분자도 있다.

냄새가 나는 것도 분자와 관계가 있다. 분자들은 쉬지 않고 움직이는데, 예를 들어 빵에서 냄새가 나는 것은 빵의 분자들이 제멋대로 움직여 모든 방향으로 퍼져 나가기 때문이다. 이런 분자들의 운동을 확산이라고 부른다. 분자의 확산속도는 분자가 어느 곳을 지나느냐에 따라 다르다. 즉, 분자는 액체를 지나갈 때보다 기체를 지나갈 때 더 빨리 확산된다. 그러니까 분자들의 확산이 가장 빠른 곳은 바로 공기가 없는 곳(진공)이다.

05 양자론의 탄생

1 빈의 법칙

포항제철을 견학해 보면 숙련된 기술자들이 철의 색깔로 온도가 얼마인지를 알아맞힌다는 사실에 놀라게 된다. 일반적으로 가열된 물체의 색은 온도가 높아짐에 따라 처음에는 검정이던 것이 빨강, 주황, 노랑, 파랑이 되다가 나중에는 흰색이 된다. 그럼 왜 그들이 철의 온도를 가열된 철의 색깔만으로 결정할 수 있는가? 그들이 철의 온도를 알아맞히는 데 사용하는 법칙은 빈의 법칙으로 알려져 있다.

독일은 철이 많이 생산되는 프랑스의 알자스와 로렌 지방을 빼앗아 철강업을 육성시켰다. 철광석과 석탄을 용광로에 넣은 후 높은 온도에서 녹여서 철을 만든다. 이것을 제철이라 부른다. 그런데 이렇게 만들어진 철제품은 용광로의 온도에 매우 민감하다. 그 당시는 지금처럼 전류를 이용하여 높은 온도를 재는 온도계가 없었고 용광로의 구멍을 통해서 내부를 들여다보고 그 색깔로 온도를 대충 파악하는 기술만이 알려져 있었다. 검붉을 때는 일천 수백 도, 새빨갛다면 이천 도 이상, 온도가 더 올라가면 하얗게 된다는 식의 판단을 통해 용광로의 온도를 대충 짐작할 수 있었다.

1889년 스물다섯 살의 청년 빈은 독일 국립 물리 연구소에 연구원으로 채용되었다. 그는 가열된 물체와 온도와의 관계를 연구하다가 1893년 다음과 같은 법칙을 발견했는데 이를 빈의 법칙이라 부른다.

물체에서 나온 빛 중에서 가장 강한 빛의 파장(색깔)은 물체의 온도에 반비례한다. 가령 물체가 낸 빛이 빨강 쪽이면 빨간빛의 파장이 길기 때문에 온도는 낮고, 만일 파랑 쪽이면 파란빛의 파장이 짧으므로 온도가 높다. 나트륨을 태워서 나온 빛을 슬릿으로 통과시키자. 그 빛이 프리즘을 거쳐 스크린에 나타난 스펙트럼을 보면 한 개의 선 스펙트럼을 보게 된다. 이와 같은 장치를 분광기라 한다. 이 실험에서 나트륨을 태울 때 나온 빛 대신 백열등을 사용하면 빨강에서 보라까지의 연속 스펙트럼을 보게 된다. 이렇게 원자에서 방출된 스펙트럼을 방출 스펙트럼이라 하는데 그 모양은 원자에 따라 다르게 나타난다. 그런데 백열등에서 나온 빛이 나트륨 증기를 거쳐 나온 빛의 스펙트럼을 보면 백열등의 연속 스펙트럼에서 이가 빠진 것 같은 검은 선을 보게 된다. 이 위치를 보면 나트륨에서 나온 노란 선 스펙트럼의 위치와 똑같은데 이 스펙트럼을 흡수 스펙트럼이라 부른다.

5-1 〈빈〉

1878년 태양으로부터 나온 빛의 스펙트럼에 프라운호퍼선이라 부르는 검은 선이 나타났다. 이는 태양에서 나온 빛 중에서 일부를 태양 표면의 어떤 미지의 원소가 흡수한 부분이다. 사람들은 이 미지의 원소를 태양을 뜻하는 Helios를 따라 헬륨이라 불렀다. 그리고 7년 뒤인 1895년 헬륨은 지구에서도 발견되었다. 1859년 독일 키르히호프는 여러 가지 실험 결과를 종합하여 다음과 같은 법칙을 발견했다.

물질은 자신이 방출하는 빛과 같은 색깔(파장)의 빛을 흡수한다.

따라서 가열했을 때 노란빛을 내는 나트륨은 백열등에서 나온 모든 색깔의 빛 중에서 노랑 부분만을 흡수한다.

5-2 〈키르히호프〉

5-3 〈키르히호프의 분광기〉

활동수업

파동과 입자의 차이에 대해 설명해 보자.

교과 연계 내용

파동

검은 물체의 복사를 이야기하려면 파동에 대해 알아야 한다. 파동 중에서 가장 간단한 파동은 줄의 한 쪽을 벽에 매달고 다른 한 쪽을 위아래로 흔들 때 만들어진다. 줄을 흔들면 줄의 모양이 변하는데 이것을 변형이라고 부른다. 이때 변형은 줄을 타고 이동한다. 변형된 모양이 지나가고 나면 줄은 다시 원래의 모양이 된다.

이때 줄의 각 질점[1)]은 위아래로만 움직이고 줄 자체의 위치는 변하지 않는다. 이렇게 물질 자체는 이동하지 않고 물질에서의 어떤 변형이 이동하는 현상을 파동현상 또는 줄여서 파동이라고 부른다. 줄을 흔들 때 생기는 변형의 모양은 수학에서 이야기하는 사인 함수의 모양이므로 이 파동을 사인파라고 부른다. 이때 변형은 줄을 타고 이동하는데 이렇게 파동을 전하는 물질을 매질이라고 부른다. 줄을 흔들었을 때 생기는 사인파의 경우 매질은 줄 자체이다.

이제 다른 파동의 매질을 생각해 보자. 물에 돌을 던지면 동심원의 파문이 생긴다. 이것을 수면파라고 하는데 이 파동의 매질은 물이다. 따라서 수면파는 물이 아닌 다른 곳에는 생기지 않는다. 또한 지진파는 지각을 이루는 물질이 매질이고 음파는 공기가 매질이다. 따라서 음파의 매질이 없는 진공 중에서는 소리가 상대방에게 전달되지 않는다.

파동을 이야기할 때 흔히 파장이라는 단어가 나온다. 그러면 파장이란 무엇인가? 줄을 흔들었을 때 생기는 사인파를 생각해 보자. 이때 사인파의 언덕 부분과 골짜기 부분이 나타나는데 언덕 부분을 미루라 하고 골짜기 부분을 골이라 부른다. 이때 첫 번째 마루에서 두 번째 마루가 나타날 때까지 걸린 시간을 파동의 주기라고 부르고 첫 번째 마루와 두 번째 마루 사이의 거리를 파장이라고 부른다. 따라서 파장과 주기 사이에는 다음과 같은 공식이 성립한다.

$$파장 = 파동의\ 속도 \times 주기$$

다시 말하면 주기란 파동이 진행할 때 한 지점의 매질이 진동을 한 번 완료하는 데 걸리는 시간이다. 이때 매질의 한 지점이 1초 동안 진동하는 횟수를 진동수라고 하는데, 주기가 길면 매질의 한 지점이 한 번 진동을 완료하는 데 걸리는 시간이 길어지기 때문에 1초 동안에 진동하는 횟수는 작아진다. 따라서 진동수와 주기가 반비례함을 알 수 있다. 이렇게 주기의 역수를 진동수라고 부른다. 주기가 파장에 비례하므로 진동수는 파장에 반비례한다. 즉, 파장이 길면 진동수는 작고 파장이 짧으면 진동수는 크다. 진동수의 단위는 헤르츠인데 매질이 1초에 두 번 진동을 완료했다고 하면 이때 진동수는 2헤르츠가 된다.

그러면 파장(또는 진동수)과 에너지는 어떤 관계가 있는가?

줄을 흔들어 사인파를 만드는 경우를 다시 한 번 생각해 보자.

줄을 천천히 흔들면 줄에 생긴 사인파의 파장은 길어지고 따라서 주기가 길어지므로 진동수는 작아진다. 그러나 줄을 세게 흔들면 줄에 생긴 사인파의 파장과 주기는 짧아지고 진동수는 커진다.

세게 흔들면 천천히 흔들었을 때보다 더 큰 에너지를 주게 된다. 이 에너지는 결국 줄에 사인파라는 파동을 만들게 되고 파동이 전달되는 에너지가 된다. 큰 에너지를 받으면 파동의 에너지가 커지므로 파장이 짧을수록(=진동수가 클수록) 파동의 에너지는 크다.

빛의 색깔

빛은 전자기파라는 파동이다. 그런데 이 파동은 파장에 따라 다른 색깔을 띤다. 빨강에서 보라까지의 색깔을 띠는 빛을 가시광선[2]이라 부르는데 파장이 짧을수록 빨강에서 주황, 노랑, 파랑, 보라의 순으로 변한다. 또한 우리 눈에는 보이지 않지만 빨강보다 파장이 더 긴 빛을 적외선이라 부르고 보라보다 파장이 더 짧은 빛을 자외선이라 부른다. 자외선보다 파장이 더 짧은 전자기파는 X선이고 그보다 파장이 더 짧으면 감마선이다. 파장이 짧을수록 에너지가 크므로 보랏빛은 빨간빛보다 에너지가 크다. 또한 감마선은 파장이 아주 짧으므로 에너지가 아주 크다.

열복사선

요즈음 학교에서는 자취를 감추었지만 예전에는 장작이나 석탄을 이용해 가열하던 방식의 난로가 교실마다 놓여 있는 것을 흔히 볼 수 있었다. 아주 추운 날 장작이 소리를 내며 타고 있는 난로 위에 도시락을 올려놓고 쉬는 시간만 되면 난롯가에 쪼그리고 앉아 불을 쬐곤 했었다. 우리는 난로에서 조금 멀리 떨어져 있는 곳에서도 온기를 느낄 수 있다. 또 장작이 타면서 만드는 빛은 어두운 밤에 방 안을 밝게 비추어 주기도 하였다.

난로에서 나오는 빛은 눈으로 볼 수 있어 알 수 있다. 그러면 우리를 따뜻하게 해주는 온기는 어떻게 우리에게 전달되는 것일까? 이는 눈에 보이지 않는 열복사선이 빛과 함께 난로에서 나오고 그것이 우리에게 전달되는 것이다.

이러한 열복사선은 난로뿐 아니라 작은 촛불에서도, 낮을 따뜻하게 해주는 태양에서도, 또 아주 멀리 떨어져 있는 별에서도 나온다. 일반적으로는 물체를 뜨겁게 가열하면 빛과 열이 나오는데 이를 합쳐 열복사선이라 부른다. 열복사선은 일종의 전자기파이다.

그러면 열복사선은 물체의 온도와 어떤 관계가 있는가? 물이 끓는 온도(약 100도)와 같이 비교적 낮은 온도에서는 긴 파장의 열복사선이 방출된다. 이 정도의 파장을 갖는 열복사선은 적외선인데 이는 눈에 보이지는 않지만 몸에 흡수되어 따뜻한 느낌을 준다.

가열된 물체의 온도가 600도 정도가 되면 눈에 보이는 열복사선이 나온다. 이때의 열복사선은 희미한 붉은 빛의 파장을 갖는 전자기파이다. 온도가 더 올라가 백열전구의 필라멘트 온도인 2,000도 정도가 되면 빨간빛에서 보랏빛까지의 모든 가시광선이 나온다. 이때 열복사선은 이 빛들이 모두 섞여 흰빛이 된다. 온도가 더 올라가 전기아크등의 온도에 대응되는 4,000도 정도에 이르게 되면 파장이 너무 짧아 눈에 볼 수 없는 자외선 영역의 전자기파가 나온다. 이렇듯 열복사선의 파장은 물체의 온도와 밀접한 관계를 갖고 있다. 즉, 가열된 물체가 뜨거울수록 물체에서 나오는 열복사선의 파장은 짧아진다.

여기서 우리는 의문이 생긴다. 왜 온도가 올라가면 열복사선의 파장이 점점 짧아지는가? 온도가 높다는 것은 에너지가 더 크다는 것을 의미한다.[3] 따라서 가열된 물체의 온도가 올라가면 에너지가 큰 열복사선을 방출하게 되는데 이것이 바로 짧은 파장의 전자기파이다.

---

1) 질점이란 질량을 가진 점이라는 뜻이다. 질점이 어렵다고 생각하면 그냥 줄 위의 점이라고 생각하면 된다.

2) 눈에 보이는 빛이라는 뜻이다.

3) 고전 열 물리에 의하면 에너지는 절대 온도에 비례한다. 이를 식으로 쓰면 $E=kT$라고 쓸 수 있다. 여기서 E는 에너지를 T는 절대온도를 말하며 단위는 K로 쓴다. 절대온도란 우리가 흔히 쓰는 온도(섭씨온도)에 273을 더한 온도를 말한다. 여기서 k는 스테판 볼츠만 상수로 알려져 있는데 그 값은 $1.3807\times10^{-23}J/K$이다.

2 검은 물체

1894년 빈은 물체가 검다는 것에 대해 물체가 모든 색의 빛을 흡수하기 때문이라 생각했다. 빈은 당시에 검은색을 띤다고 생각되는 모든 물체를 대상으로 실험해 보았으나 이들 전부가 모든 빛을 흡수하지는 못했다. 물리적으로 물체가 검은색을 띤다면 모든 색의 빛을 다 흡수해야 한다. 하지만 만약 그렇지 않다면 우리가 흔히 검다고 생각하는 물체는 완벽하게 검은색을 띠는 것이 아니다.

그러면 과연 완벽하게 검은색을 띠는 물체는 존재하는가? 빈은 모든 빛을 흡수하는 진정한 검은 물체(black body)를 찾기로 결심했다. 우선 키르히호프의 법칙에 의하면 완벽하게 검은 물체는 모든 색의 빛을 흡수하므로 이것을 가열하면 모든 색의 빛의 방출할 것이다.

그는 내부가 비어 있는 물체의 벽에 작은 구멍을 뚫었다. 그리고 이 벽면을 거울처럼 반사가 많이 일어나게 하였다. 이제 빛은 벽을 통해 들어가지 못하고 조그만 구멍을 통해서만 들어갈 수 있다.

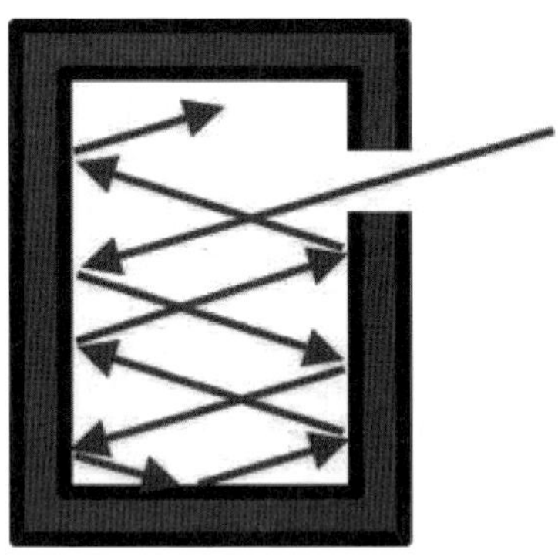

5-4 〈검은물체〉

이때 구멍을 통해 들어간 빛은 밖으로 나올 수 없게 된다. 따라서 이 물체가 바로 검은 물체이다. 그는 검은 물체가 모든 색의 빛을 방출할 것이라고 생각했다.

빈의 예상은 옳았다. 검은 물체를 태워 나온 빛의 스펙트럼은 빨강에서 보라까지 연속 스펙트럼이었다. 빈은 여기서 멈추지 않고 가열된 검은 물체에서 나온 빛의 스펙트럼을 통해 빛의 파장과 빛의 세기 사이의 관계를 조사했다.

빈은 이 실험 결과를 분석하여 빛의 세기와 파장 사이의 어떤 함수 관계를 찾으려고 했다. 그러나 검은 물체는 모든 파장의 빛을 모두 포함하고 있었다. 이와 비슷한 예가 상자 속의 기체 분자들의 운동에서도 볼 수 있는데 19세기 말 이 문제를 연구하던 볼츠만은 기체가 가득 들어 있는 상자를 가열하면 상자 속의 기체 분자들이 각 방향으로 심하게 운동한다는 사실을 밝혀내고 이를 이용하여 기체의 열 현상을 잘 설명했다.

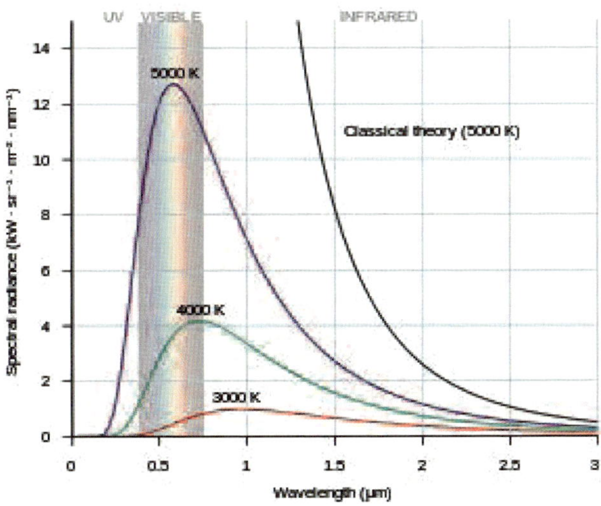

5-5 〈빛의 세기와 파장 사이의 실험 그래프〉

빈은 볼츠만이 가열된 상자 속의 기체의 운동에 대해 적용한 방식과 유사하게 가열된 검은 물체 속의 빛 역시 모든 파장의 빛 알갱이가 각 방향으로 심하게 운동한다고 가정하여 빛의 세기와 파장에 관한 공식을 얻었다. 그런데 빈의 공식은 짧은 파장의 빛인 파란빛에 대해서는 실험 결과와 잘 맞았지만, 긴 파장의 빛인 빨간빛에 대해서는 잘 맞지 않았다. 그래서 사람들은 빈의 공식을 파랑 공식이라 부르고 모든 파장에 대해 실험 결과와 잘 맞는 공식을 찾으려고 노력했다.

한편 영국의 레일리와 진스는 빈의 파랑 공식이 나오고 나서 이 문제에 깊은 관심을 보였다. 그들은 검은 물체 속의 빛이 진동하는 빛 알갱이의 모임이라고 생각했다. 검은 상자 속에서 진동하는 빛 알갱이들은 양쪽 경계를 갖고 진동을 하므로 각각의 파장에 대한 파의 숫자를 정확하게 헤아릴 수 있다.

가령 길이가 10인 곳에 파장이 10인 파는 한 개 파장이, 5인 파는 두 개 파장이, 2.5인 파는 네 개 파장이 만들어진다. 이런 식으로 검은 상자 속의 모든 파장에 대응되는 파의 개수를 헤아릴 수 있다. 이러한 논리에 의하면 짧은 파장을 갖는 파동의 개수는 긴 파장을 갖는 파동의 개수보다 많아질 것이다. 레일리와 진스는 어떤 파장을 갖든지 똑같은 에너지를 갖고 있다고 생각하고 이 모든 파장의 빛들에 대해 빛의 세기를 계산해 보았다.

그 결과 레일리－진스 공식은 파장이 긴 빨간빛에 대해서는 잘 맞지만 파장이 짧은 파란빛에 대해서는 실험 결과와 전혀 맞지 않았다. 특히 레일리와 진스의 아이디어에 의하면 파장이 0인 파동의 개수는 무한대가 된다. 그러면 무한개의 파동이 에너지를 가졌을 때 무한대의 에너지가 되고 이로 인해 무한대의 빛의 세기를 가져야 한다.

물리학자들에게 풀리지 않는 검은 물체의 수수께끼가 생긴 것이다.

활동수업

하늘이 파란 이유를 설명해 보자

교과 연계 내용

스펙트럼

프리즘을 이용해 빛을 분산하면 빨주노초파남보의 무지갯빛이 나타난다. 이렇게 빛을 파장에 따라 분산한 것을 스펙트럼이라고 한다. 이때 연속적으로 나타나는 스펙트럼을 연속 스펙트럼이라고 하며, 특정한 파장의 빛만 나타나는 스펙트럼을 선 스펙트럼이라고 한다. 태양에서 나오는 빛이나 형광등의 빛을 프리즘으로 분산하면 모든 파장의 빛이 나타나는 연속 스펙트럼이 나타난다. 나트륨과 같은 기체가 들어 있는 방전관에서 나오는 빛을 프리즘으로 분산하면 프리즘을 통과한 특정 파장의 빛만 색으로 나타나는 선 스펙트럼을 볼 수 있다.

3 플랑크의 양자

빈의 공식은 파랑 쪽에서 잘 맞고 레일리-진스의 공식은 빨강 쪽에서 잘 맞는다. 그렇다면 모든 파장에 대해 실험 결과와 잘 맞는 공식은 없을까? 결국 이 문제의 해결은 다시 독일의 플랑크에 의해 이루어진다.

1900년 독일의 플랑크는 빈의 공식은 짧은 파장(파란빛)에 대해서는 실험과 거의 일치하지만 긴 파장(빨간빛)에서는 빛의 세기가 실험 결과보다 조금 작았다. 이러한 점에 착안하여 그는 긴 파장에 대한 빛의 세기를 조금 더 크게 할 수 있는 방법을 궁리했다. 그러면 어떻게 빛의 세기를 조금 더 크게 만들 것인가?

1/7이라는 분수를 생각해 보자 이 분수를 조금 더 크게 하려면 어떤 방법이 있을까? 분수는 분자를 분모로 나눈 것이다. 그러니까 분자를 크게 하는 방법이 있고 분모를 작게 하는 방법이 있을 수 있다.

5-6 〈플랑크〉

분모를 작게 하는 가장 간단한 방법은 분모인 7에서 1을 빼주는 것이다. 이때 분모가 7에서 6으로 줄어들기 때문에 1/7보다 큰 수인 1/(7−1)로 바뀌게 된다.

물론 이것이 유일한 방법은 아니다. 다른 많은 가능성이 있다. 빈의 공식은 빛의 세기와 파장 사이의 관계가 분수식으로 표현되어 있었으므로 플랑크는 빈의 공식의 분모에서 1을 빼는 장난을 쳐 보았다. 그 결과 놀라운 일이 일어났다. 놀랍게도 플랑크의 '장난'은 실험 결과와 정확하게 일치했던 것이다. 물론 분모에서 1을 빼는 이유를 설명할 수는 없었다. 그러나 이 결과가 정확하게 실험 결과와 일치하므로 이 공식이 옳을지도 모른다.

플랑크는 이 결과를 1900년 12월 14일 독일 물리학회에서 발표했다. 플랑크가 이 공식을 '빈의 공식의 분모에서 1을 빼는 장난'에 의해 찾아냈다는 발표가 있자 학회에 참석한 많은 물리학자들은 그의 공식을 믿으려고 하지 않았다. 그들은 적당한 이론에 의해 고전 물리학으로부터 나오는 공식을 원했기 때문이었다. 플랑크는 다시 이 공식을 자세히 들여다보았다. 그리고 빛의 세기와 파장과의 관계를 빛의 세기와 진동수의 관계로 바꾸었다.

앞에서 얘기했듯이 빛의 파장과 진동수는 서로 반비례한다. 그리고 실험 결과와 일치시키기 위해 빈의 공식의 분모에서 1을 빼는 조작을 설명하려면 다음과 같은 가정을 해야만 했다.

물체가 진동수 f인 빛을 흡수하거나 방출할 때의 빛의 에너지는 h를 어떤 상수라 할 때 hf의 정수 배만 허용된다. 이때 h는 플랑크상수 또는 양자상수라 부르고 그 값은 6.6×10^{-34}J · sec이다. 이 가설은 혁명을 몰고 왔다. 고전 물리의 관점에서 에너지가 이처럼 띄엄띄엄 떨어진 불연속한 값을 갖는다는 것은 상상할 수 없었기 때문이다. 이때 진동수 f인 빛이 가질 수 있는 가장 작은 에너지 hf를 에너지 양자라 부르며 빛에 대한 에너지 양자를 광자(photon)라고 부른다. 이 가설에 의하면 진동수 f인 빛은 헤아릴 수 있다. 즉, 진동수 f인 빛이 가질 수 있는 에너지는 $hf, 2hf, 3hf, 4hf, \cdots$ 이므로 진동수 f인 빛이 hf의 에너지를 가지면 진동수가 f인 광자(빛 알갱이)가 한 개, $2hf$의 에너지를 가지면 광자가 두 개, $3hf$의 에너지를 가지면 광자가 세 개인 셈이다. 즉, 빛은 헤아릴 수 있는 광자들의 모임이다.

아이러니컬하게도 이러한 엄청난 가설을 주장한 플랑크 자신은 자신의 이론을 믿으려 하지 않았다. 왜냐하면 그 역시 고전물리의 원리인 에너지의 연속성을 철저하게 믿는 학자였기 때문이었다.

이 식이 발표되고 수년 뒤 새로운 물리학을 꿈꾸는 학자들에 의해 이것이 검토되고 드디어 독일의 레나르트와 상대성원리로 유명한 아인슈타인은 빛이 가지는 에너지가 불연속하다는 사실을 간접적으로 보이는데 성공했다.

활동수업

막스 플랑크 연구소에 대해 조사해 보자.

교과 연계 내용

광전효과

빛을 금속에 쪼이면 전기가 생기는 것을 광전효과라고 부른다. 아인슈타인은 이때 어떤 진동수 이상의 빛을 쪼이면 광전효과가 일어나지만 그보다 낮은 진동수의 빛을 쪼이면 광전효과가 일어나지 않는다는 것을 알아냈다. 이때 빛을 쪼인 광자의 진동수를 f라고 하면 광자가 가진 에너지는 hf가 된다. 에너지 보존 법칙에 따라

$$hf = \text{운동 에너지} + \text{일함수}$$

가 된다. 이때 일함수는 물질에 따라 다르다. 운동 에너지가 0 이상이므로

hf가 일함수보다 클 때 광전효과가 일어난다.

06 원자 모형

1 톰슨의 원자 모형

물체는 가열되면 열복사선이라 부르는 빛을 방출한다. 그러면 이 빛은 어디에서 나온 것인가? 빛이 전자기파이고 전자기파는 전하를 띤 입자가 운동을 할 때 발생하므로 가열된 물체 속에 전하를 띤 입자가 운동하고 있을 것이다. 이 문제를 깊이 연구하던 톰슨은 이 전하를 띤 입자가 자신이 1897년 발견한 전자라고 생각했다.

톰슨은 모든 물질은 원자로 구성되어 있고 전자의 질량과 크기가 원자에 비해 작으므로 전자가 원자 속에 있다고 생각하였다. 그런데 전자는 음의 전기를 띠고 있고 모든 원자는 전기적으로 중성이므로 원자 속에는 전자뿐만 아니라 양의 전기를 띤 부분이 있어야 한다. 이런 생각으로 1898년 톰슨은 전자들이 살고 있는 집인 원자 모형을 최초로 발표했다. 원자의 종류에 따라 전자의 수가 달라지고 원자가 전기적으로 중성이므로 원자 속에 양의 전기를 띤 입자가 있어야 한다.

톰슨의 원자 모형은 흔히 건포도가 박혀 있는 빵 모양으로 비유된다.

6-1 〈톰슨〉

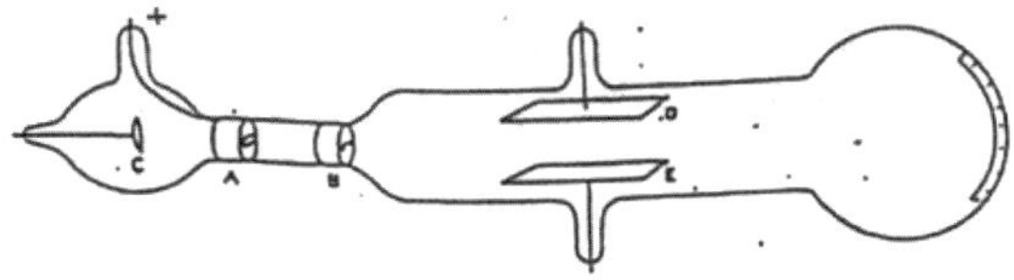

6-2 〈톰슨의 실험장치〉

이는 균일하게 양의 전기를 띠고 있는 곳에 전자들이 빵 속의 건포도처럼 박혀 있는 모형이다. 이때 건포도는 전자에 대응되고 빵은 양의 전기를 띤 부분에 해당한다. 많은 책에서 톰슨의 원자 모형을 이런 식으로 이야기하지만 사실 톰슨의 모형은 건포도가 아무렇게나 박혀 있는 건포도 빵과 같은 모양이 아니다. 건포도(전자)와 빵 사이에는 전기적으로 밀치는 힘이 있고 양의 전기를 띤 빵 부분과 건포도(전자) 사이에는 전기적으로 잡아당기는 힘이 작용한다. 따라서 원자 속에서 전자는 아무렇게나 박혀 있지 않고 안쪽에서부터 몇 개의 동심원에 배열된다. 하나의 동심원에는 정해진 수의 전자가 있을 수 있다. 그리고 마지막 동심원에 있는 전자의 개수에 따라서 원소의 성질이 달라진다. 즉, 톰슨의 원자 모형은 멘델레프의 주기율표를 잘 설명하고 있다.

톰슨은 자신의 원자 모형으로 가열된 물체에서 나오는 빛(전자기파)을 설명하려 했다. 물체가 가열되면 물체의 온도는 올라가고 온도는 에너지에 비례하므로 물체의 에너지는 커진다. 이때 전자의 운동 에너지가 커지면 전자는 원자 속 양의 부분에서 움직이려 한다.

전자기학에 의하면 전기를 띤 입자가 움직일 때 전자기파를 방출하므로 이때의 전자의 진동에 의해 전자기파가 발생한다. 여기서 진동이라는 표현을 쓴 이유는 이때 전자들이 양의 전기를 띤 지역에서 빠르게 이리저리 움직이지 못하고 제자리에서 약간의 진동만 할 수 있기 때문이다.

그러나 진동하던 전자가 전자기파를 방출하면 전자기파가 가지고 나가는 에너지만큼을 잃게 되므로 전자의 에너지가 다시 작아지고 이로 인해 전자는 다시 원자 속 양의 부분에 붙잡히게 된다. 그러면 전자의 운동이 없으므로 더 이상 전자기파가 발생하지 않는다. 이것은 가열된 물체에서 빛이 나오다가 일정 시간이 지나면 나오지 않음을 의미한다. 그러나 실험에 의하면 가열된 물체에서 빛은 계속 방출한다. 톰슨의 원자 모형은 문제에 부딪혔다.

톰슨 모형의 또 한 가지 문제점은 선 스펙트럼 문제이다. 톰슨은 어떤 원자를 태울 때 나오는 빛의 선 스펙트럼은 원자 속의 전자가 에너지를 얻어 진동하므로 전자기파(빛)가 나온다고 생각했다. 온도가 곧 에너지이므로 이 에너지는 가열에 의해 온도가 올라서 생긴 에너지이다. 그러나 톰슨의 원자 모형으로는 아무리 계산해 봐도 원자 속에서 나온 빛의 선 스펙트럼을 설명할 수 없었다.

활동수업

전자의 방향과 전류의 방향이 반대인 이유에 대해 설명해 보자.

교과 연계 내용

전자의 발견

19세기 중반 물리학자들은 양의 전기의 흐름이 건전지의 양극에서 나와 도선을 따라 흐른 다음 음극으로 들어간다고 생각했다. 그리고 이런 양의 입자의 흐름을 전류라고 정의했다. 그러므로 전류는 양극에서 음극으로 진행한다고 믿었다.

1891년 영국 퀸즈대학의 스토니는 용액의 전기분해를 연구하다가 물질이 가진 전기량 중에서 가장 작은 값이 존재하며 모든 전기량은 이 값의 한 배, 두 배, 세 배와 같이 된다는 것을 알아냈다. 이것은 전류를 이루는 것이 이러한 전기량의 최솟값을 갖는 공통의 입자로 이루어져 있다는 것을 뜻한다. 스토니는 이 입자를 전자라고 불렀다.

그 후 과학자들은 전자를 발견하기 위해 많은 노력을 했다. 그리고 그 위대한 발견은 영국의 톰슨에 의해 이루어지게 된다. 1898년 영국 캐빈디쉬 연구소의 소장인 톰슨은 음극선에 자석을 가까이 가져다 대면 음극선이 휘어진다는 것을 알아냈다. 전기를 띤 입자는 자석이 만드는 자기장 속에서 휘어지게 되므로 음극선 자체가 전기를 띠고 있다는 것을 알아낸 셈이다. 이를 통해 톰슨은 음극선이 휘어지는 방향으로부터 음극선이 음의 전기를 띠고 있다는 것을 알게 되었다.

또한 톰슨은 실험과 계산을 통해 음극선이 스토니가 애기한 전자들의 흐름임을 밝혀냈다. 전자는 놀랍게도 음의 전기를 띠고 있었고 전자 하나가 띠는 전기량은 엄청나게 작았다. 그러므로 전류는 양의 전기가 도선을 따라 움직이는 것이 아니라 음의 전기를 띤 전자의 흐름이라는 것이 밝혀진 셈이다.

2 러더퍼드의 원자 모형

1911년 가이거, 마스딘, 러더퍼드는 라듐에서 나온 알파 입자[1](헬륨핵)가 작은 구멍이 뚫린 납관을 지나가게 했다. 그래서 구멍을 통과하는 가느다란 알파 입자 빔을 만들었다. 알파 입자가 납을 투과하지 못하는 성질을 이용한 것이다. 이렇게 만들어진 가느다란 알파 입자들의 빔은 얇은 금박에 입사되어 황화아연으로 된 스크린에 부딪혔다. 황화아연판은 알파 입자가 부딪히면 눈에 보이는 빛을 발생시킨다. 이 빛을 현미경으로 관찰하여 알파 입자가 얼마나 많이 휘어졌는가를 조사할 수 있다. 얇은 금박은 순수한 금 원자들이 규칙적으로 배열되어 있어 원자의 구조를 밝히는 데는 제일 적합했다. 이때 금 원자를 지나가는 알파 입자의 경로는 톰슨의 원자 모형으로는 설명하기 곤란했다.

6-3 〈러더퍼드〉

1) 알파 입자에 대해서는 뒤에 '방사선'에 대해 얘기할 때 자세히 다루도록 하고 여기서는 알파 입자가 헬륨핵이라고만 생각하면 된다.

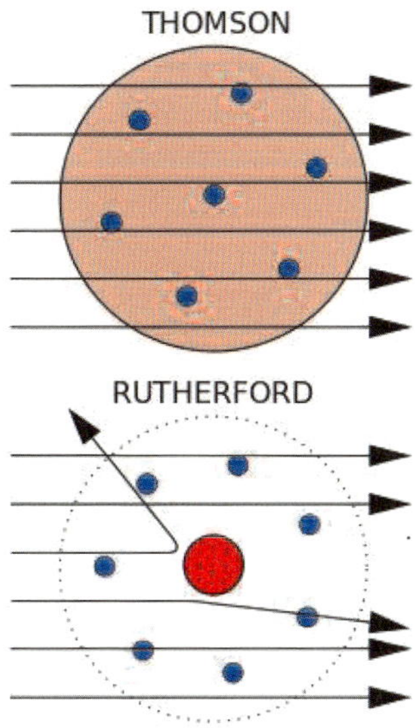

그림 6-4

얇은 철판에 총을 여러 방 쏘면 총알은 여기저기 철판에 구멍을 내고 지나간다. 톰슨 모델에 의하면 알파 입자가 양의 전하를 띠고 있고 원자 내부에 양의 전하가 고르게 분포되어 있으므로 알파 입자가 원자 속의 양의 전하 부분을 지나갈 때 경로가 꺾이게 된다. 그러나 전하가 고르게 분포되어 있으므로 각 지점의 전하량은 아주 작은 값이 되어 그 꺾이는 정도가 1° 정도에 불과하다. 그 얘기는 모든 알파 입자들이 거의 직선으로 황하아연 스크린에 부딪힌다는 것이다. 그러나 예상은 빗나갔다. 물론 대부분의 알파 입자들은 거의 꺾이지 않았지만 몇 개는 매우 큰 각도로 꺾였고 어떤 것은 온 방향과 반대로 되돌아갔다. 이것은 톰슨의 모형으로는 절대로 생길 수 없는 일이었다. 알파 입자의 질량이 전자의 7,000배 정도로 무겁고 입사속력이 빠르다는 점을 감안했을 때, 알파 입자가 원자에 부딪혀 뒤로 돌아가려면 원자의 어느 곳에 매우 딱딱한 부분이 있어야 한다. 또한 대부분의 알파 입자가 꺾이지 않았다는 사실은 원자의 딱딱한 부분의 크기가 매우 작다는 것을 의미한다. 러더퍼드는 이 실험 결과를 다음과 같이 요약했다.

> 원자는 그 질량의 대부분이 중심의 작은 부분에 몰려있으며 그 곳은 양의 전하량을 갖고 있다.

러더퍼드는 이 부분을 원자핵 또는 핵이라 불렀다. 1919년 러더퍼드는 알파 입자가 질소 원자핵을 때릴 때 질소 원자가 수소 핵과 산소 원자로 분열된다는 것을 알아냈다. 그는 이 실험을 다른 원소들에 적용해 본 후 모든 원자핵이 수소 핵으로 구성되어 있음을 알아냈다. 그 후 러더퍼드는 전자의 질량의 약 1,840배 정도이며 전자와 반대 부호의 전하량을 갖는 수소 핵을 양성자라 불렀다.

러더퍼드는 이 실험을 통해 원자 속에서 핵의 크기가 어느 정도 되는가를 알아냈다. 그는 전자와 핵 사이에는 거리의 제곱에 반비례하는 인력이 작용하므로 태양을 도는 지구의 운동처럼 전자가 핵 주위를 원 운동2)한다고 생각했다.

6-5 〈러더퍼드 실험장치〉

2) 일반적으로는 타원 운동이다.

그러나 러더퍼드의 원자 모형은 다소 무리가 있었다. 우선 전자가 핵 주위를 원 운동하면 전자기파(빛)가 발생한다. 이때 전자의 에너지 중 일부가 전자기파의 에너지로 빠져나가므로 전자의 에너지가 작아져 전자는 핵에 끌어당겨지고 결국은 전자가 핵에 붙잡히게 된다.[3] 또한 이 과정에서 전자의 궤도 반지름이 연속적으로 줄어들기 때문에 방출하는 빛에서는 선 스펙트럼이 생기지 않는다. 그러나 어떤 물체를 태우면 선 스펙트럼이 나오고 러더퍼드의 원자 모형으로는 선 스펙트럼이 생기는 이유를 설명할 수 없으므로 무언가 보완될 필요가 있다. 러더퍼드 모형의 문제점을 해결할 사람은 덴마크의 닐스 보어인데 다음 장에서 이야기해 보자.

활동수업

케임브리지대학 출신의 과학자들에 대해 알아보자.

교과 연계 내용

라듐

1898년 퀴리부인은 우라늄이 포함되어 있는 피치블렌드라는 광석에서 우라늄보다 더 많은 방사선을 뿜어내는 원소가 있음을 알게 되었다. 그래서 남편과 함께 피치블렌드 속의 새로운 원소를 찾았고 그 결과 두 사람은 우라늄보다 강한 방사능을 가진 두 종류의 새로운 원소가 있다는 사실을 알아냈다. 그 중 하나는 조국인 폴란드를 따서 폴로늄이라고 불렀고 다른 하나는 방사능을 나타내는 영어 라디에이션을 따서 라듐이라고 이름 지었다. 두 사람은 이 발견으로 1903년 베크렐과 함께

3) 계산에 의하면 전자가 핵 주위를 원 운동하는 경우 전자기파를 방출하면서 전자의 에너지가 작아지므로 약 천억 분의 일 초 후에 전자는 핵에 붙잡히게 된다.

노벨물리학상을 받았다. 하지만 라듐은 화합물의 형태로 추출되었기 때문에 라듐의 화합물에서 금속 라듐을 분리하기 위해 노력하였다. 그러던 중 1906년 4월 19일 슬픈 일이 생겼다. 남편 피에르 퀴리가 고민을 하며 길을 걷다가 무거운 짐을 실고 빠르게 달리는 마차에 치여 죽는 사건이 벌어진 것이었다. 피에르의 죽음으로 절망에 빠진 퀴리부인은 소르본대학에서 남편이 맡던 교수직을 맡게 되었다. 이로써 1906년 퀴리부인은 여성 최초로 소르본대학의 교수가 되었다. 1910년 퀴리부인은 오랜 실험 끝에 순수한 라듐을 얻는 데 성공했다. 그것은 흰색 광택이 나는 금속이었는데 이 발견으로 퀴리부인은 1911년 두 번째 노벨상인 노벨화학상을 받았다.

3 보어 모형

19세기 말에서 20세기 초 사이의 물리학은 유럽이 주 무대였고 그 중에서도 역사와 전통을 자랑하는 영국과 독일의 다툼이 있었다. 물론 이 두 나라 말고도 이탈리아, 프랑스, 오스트리아, 네덜란드, 스위스 등의 작은 나라에서도 훌륭한 물리학자들을 배출하고 있었다.

앞에서도 얘기했듯이 영국은 케임브리지대학의 캐빈디쉬 연구소를 주축으로 하여 양자론의 초기 연구를 발전시켰고, 독일은 플랑크나 아인슈타인, 빈과 같은 대학자들을 배출하며 양자론과 상대성원리라고 하는 20세기 현대물리학의 두 기둥의 초석을 세웠다.

플랑크가 양자론의 초기 아이디어를 제외했다면 양자론의 틀을 멋지게 구축한 사람은 덴마크 닐스 보어이다. 1913년 보어는 러더퍼드 원자 모형의 문제점을 해결하는 새로운 원자 모형을 제시하였다.

6-6 〈보어〉

분명 러더퍼드의 원자 모형대로 전자가 핵 주위를 원 운동한다면 전자는 전자기파를 방출할 것이고 그만큼 에너지를 잃은 전자는 속도가 느려져 핵의 전기적 인력으로 궤도의 반지름이 점점 줄어들고 결국은 핵에 붙잡히게 된다.

이 문제를 해결하기 위해 보어는 전자가 제멋대로 핵 주위를 도는 것이 아니라는 가정을 했다. 전자가 핵 주위의 어떤 곳이라도 돌 수 있게 되면 전자는 핵 주위를 돌면서 전자기파를 연속적으로 방출하게 되고 이로 인해 에너지를 잃게 되어 결국 전자는 핵에 붙잡히게 된다. 또한 이때 전자가 내는 전자기파를 원자의 스펙트럼이라 한다면 방출하는 스펙트럼은 선 스펙트럼이 아니라 연속 스펙트럼이 되어야 한다. 그러나 모든 원자에서 방출되는 스펙트럼은 연속 스펙트럼이 아니라 선 스펙트럼이고 이들은 발머-리드베르그의 공식을 따른다는 것이 알렸다.

보어는 러더퍼드 원자 모형의 문제점을 해결하기 위해서는 대담한 가정을 해야 할 필요가 있다고 생각했다. 플랑크가 검은 물체의 복사를 설명하기 위해 빛이 가지는 에너지가 불연속적임을 가정했듯이 보어도 핵 주위에 동심원을 그리는 여러 개의 원 궤도를 가정했다. 이들 원 궤도는 핵에서 가장 가까운 원 궤도로부터 점점 반지름이 큰 원 궤도로 구성되어 있고 이들 원 궤도는 띄엄띄엄 떨어져 있으며 전자는 이들 원 궤도를 제외한 공간을 움직일 수 없다고 주장했다. 예를 들어 전자를 장난감 기차에 비유하고 동심원의 기찻길을 만들어 보자. 이때 이 장난감 기차는 기찻길만을 달릴 수 있다.

보어의 이러한 생각은 실로 대단한 생각이었다. 그러면 이렇게 전자가 다닐 수 있는 기찻길(전자의 궤도)은 많은가? 보어는 전자가 다닐 수 있는 궤도는 무한히 많고 이들 궤도의 차이점은 ‘그 궤도가 핵에서 얼마만큼 떨어져 있는가'라는 것이라고 설명했다. 보어의 이러한 가정은 어쩌면 광자의 에너지가 불연속적이라는 플랑크의 가설에 영향을 받은 것인지도 모른다.

그럼 러더퍼드 원자 모형의 문제점이 해결되고 원자에서 방출되는 선 스펙트럼이 설명되는가? 보어의 가정대로라면 전자는 아무 궤도나 돌 수 있는 것이 아니라 특정한 반지름을 가진 궤도들에서만 돌 수 있다.

만일 전자가 어떤 원 궤도를 돌며 빛을 방출하면서 에너지를 잃으면 어떻게 되는가? 여기에서 전자는 크고 작은 동심원 궤도에만 있을 수 있으므로 전자가 빛을 방출하는 순간 전자는 반지름이 작은 궤도로 옮겨간다고 가정해 보자. 물론 뉴턴 역학으로는 설명할 수 없는 현상이다. 이때 전자가 반지름이 큰 궤도에 있을 때 전자의 에너지가 반지름이 작은 궤도에 있을 때의 전자의 에너지보다 크다고 생각해야 한다.

이제 보어의 원자 모형으로 수소의 선 스펙트럼을 설명해 보자. 큰 궤도에 있던 전자가 작은 궤도로 옮겨가면 두 궤도에 있을 때의 전자의 에너지 차이에 대응하는 진동수를 가진 빛이 방출된다.4)

그러면 이 과정의 반대과정, 즉 원자가 빛을 흡수하는 경우를 생각해 보자. 안쪽 궤도에 있는 전자가 바깥쪽 궤도로 옮겨가는 것은 저절로 이루어지지 않는다. 그것은 에너지가 낮은 상태에서 저절로 에너지가 높은 상태로 가지 않기 때문이다. 그러나 에너지가 낮은 상태인(안쪽 궤도에 있는) 전자가 에너지가 높은 상태의(바깥쪽 궤도에 있는) 전자로 되기 위해서는

---

4) 전자가 안쪽 궤도에 있을 때의 에너지를 $E_{안}$, 바깥쪽 궤도에 있을 때의 에너지를 $E_{바깥}$, 바깥 궤도에 있던 전자가 안쪽 궤도에 올 때 방출되는 빛의 진동수를 f라고 하면, 에너지 보존 법칙에 의해 $E_{바깥}$은 $E_{안}$과 방출하는 진동수 f인 빛이 갖는 에너지 (hf)이므로 다음이 성립한다.

$$E_{바깥} = E_{안} + hf, \text{ 또는 } E_{바깥}\ E_{안} = \text{에너지 차이} = hf$$

외부에서 에너지를 공급하면 된다. 가장 쉽게 에너지를 주는 방법은 빛을 쪼이는 것이다. 빛을 쪼이면 빛이 가지는 에너지를 받아서 안쪽의 전자가 바깥쪽으로 이동할 수 있다.5)

보어는 전자가 있을 수 있는 원 궤도에 대해 안쪽부터 자연수 1, 2, 3, …을 붙였다. 이때 띄엄띄엄 떨어진 궤도를 구별하는 자연수를 양자수라 부른다. 그러니까 가장 안쪽의 궤도는 양자수가 1인 궤도이고 그 다음 궤도는 양자수가 2인 궤도이며 그 다음 궤도는 양자수 3인 궤도를 말한다. 전자가 있을 수 있는 궤도가 무한개이므로 이 양자수는 1부터 무한대까지의 자연수이다.

여기에서 양자수가 1인 궤도를 K껍질, 양자수가 2인 궤도를 L껍질, 양자수가 3인 궤도를 M껍질 등이라고 부른다. 이를 통해 보어는 전자의 에너지가 음수이며 양자수의 제곱에 반비례한다는 사실을 알아내었다.

보어는 가장 안쪽 궤도인 K껍질에 대해 대담한 가정을 했다. 즉, K껍질(양자수가 1인 궤도)에서 전자가 운동을 하여 빛을 방출하면 이보다 더 에너지가 낮은 안쪽 궤도로 전자가 움직여야 한다. 그런데 이 궤도가 가장 작은 궤도이므로 더 이상 전자가 갈 수 있는 궤도는 없다.

여기에서 보어는 다시 가장 작은 원 궤도에 대해 다음과 같이 가정을 하였다. 전자가 반지름이 가장 작은 궤도를 돌 때에는 더 이상 빛을 방출하지 않는다고 가정하면 전자는 핵에 붙잡히지 않는다. 이 최소의 궤도 반지름을 보어 반지름 또는 원자 반지름이라 부른다.

이로써 보어의 원자 모형으로 러더퍼드 원자 모형의 문제점은 해결되었다. 즉, 보어의 원자 모형에 의하면 전자가 있을 수 있는 궤도가 띄엄띄

---

5) 이것을 수식으로 쓰면 $E_{안} + hf = E_{바깥}$이라 쓸 수 있고 빛의 흡수과정이라 부른다.

엄 떨어져있고 전자가 가장 작은 궤도에 있을 때는 더 이상 전자기파를 방출하지 않으므로 이때 원자는 더 이상 오므라들지 않고 안정된 형태를 유지할 수 있다.

활동수업

닐스 보어 연구소에 대해 알아보자.

교과 연계 내용

보어의 원자 모형에 대한 실험

보어의 원자 모형에 의하면 원자 속의 전자가 불연속적인 동심원 궤도에만 있을 수 있으므로 전자가 가질 수 있는 에너지 또한 불연속적이다. 그러면 보어의 원자 모형대로 원자 속의 전자가 불연속적인 에너지를 갖는가? 이 의문에 대한 실험은 1914년 플랑크와 구스타프 헤르츠[6]에 의해 이루어졌다. 그들은 원자에 전자를 충돌시키는 실험 장치를 고안했다. 그들은 이때 원자 속의 전자와 충돌 후 되튕겨 나오는 전자의 에너지를 조사했다. 만일 원자 속의 전자가 연속적인 에너지를 갖는다면 되튕겨 나오는 전자의 에너지도 연속적일 것이다. 그러나 그들의 실험 결과는 되튕겨 나오는 전자의 에너지가 불연속적임을 보여주었다. 이것은 원자 속의 전자가 보어의 이론대로 불연속적인 에너지를 갖고 있음을 확인해 주는 실험이었다.

---

6) 구스타프 헤르츠는 전파의 발견자이며 주파수의 단위로 유명한 하인리히 헤르츠의 조카이다.

07 불확정성원리

1 빛의 이중성

빛은 입자인가 파동인가? 이 질문은 뉴턴 시대 때부터 끊임없이 논란이 된 문제이다. 빛이 입자라는 주장은 기원전 6세기경에 피타고라스가 최초로 주장하였다. 피타고라스는 우리가 물체를 본다는 것은 물체 속에서 튀어나온 알갱이가 우리 눈에 부딪히기 때문이라고 생각했다. 뉴턴 시대에 와서 뉴턴은 빛을 입자라고 생각하였고 이를 기초로 하여 빛의 반사, 굴절 등을 설명했다.

그에 비해 네덜란드 호이겐스는 빛의 파동설을 최초로 제창하였고 19세기 초에는 영국의 영과 프레넬의 실험에 의해 빛의 파동설이 지배적이었다. 우선 뉴턴의 입자설에 의해서는 빛의 간섭무늬와 회절무늬를 설명할 수 없었다. 또한 빛이 공기에서 물로 들어갈 때 꺾이는 굴절현상에 대해 뉴턴은 물이 공기보다 무거우므로 물이 빛을 끌어당기는 인력이 커져 물속에서 빛이 빨라진다고 하였다. 한편, 파동설을 주장하는 사람들은 빛이 물속에서 꺾일 때 빛이 물의 저항을 크게 받아서 빛이 느려진다고 주장하였다.

7-1 〈호이겐스〉

7-2 〈맥스웰〉

1850년 프랑스의 푸코에 의해 이 실험은 이루어졌고 그 결과 물속에서 빛이 느려짐이 밝혀져 결국 19세기에 빛의 입자설은 죽고 빛은 파동이라는 결론을 내리게 되었다.

1861년 영국의 맥스웰은 전기 힘과 자기 힘을 통일하는 전자기 방정식을 발표했다. 또한 그는 전기를 띠고 있는 물체를 진동시키면 전기장과 자기장이 발생하고, 또 진공 중에서 전파의 속력은 빛의 속력과 같다는 사실을 알아냈다. 그래서 그는 빛이 전자기파라는 파동의 한 종류라는 예언을 하였다. 그의 예언은 1880년 독일의 헤르츠의 실험에 의해 확인되었다. 이렇게 하여 19세기 말까지는 빛이 파동이라는 사실이 거의 정설로 받아들여졌다.

그러나 20세기에 들어와서 빛이 파동이라고 생각하기에는 다소 무리가 따르는 실험적 사실이 발견되었다. 1922년 미국의 컴프턴은 X선을 물질에 의해 산란시킬 때 산란된 X선의 파장이 길어진다는 것을 발견했다.

이때 파장이 얼마만큼 길어지는가를 구하기 위해 그는 X선과 물질과의 산란을 두 개의 당구공의 충돌 과정처럼 취급하였다. 그것은 빛의 일종인 X선이 입자임을 보여주는 중대한 사건이었다.

컴프턴 산란은 사실 충돌현상이다. 앞에서 이야기했듯이 X선은 파장이 아주 짧은 빛이다. 이 빛은 광자라는 입자들로 구성되어 있으며 이 빛이 물질과 충돌하여 그 경로가 꺾이는 현상을 컴프턴 산란이라고 한다. 당구공이 충돌 후 운동 에너지가 줄어들듯이 X선도 물질과 충돌하여 에너지를 잃게 되고 이로 인해 파장이 길어지게 된다.

이렇게 컴프턴 산란이나 광전효과를 보면 입자인 것처럼 행동한다는 사실로부터 다시 빛이 입자냐 파동이냐 하는 의문이 제기되었다. 1923년 9월 프랑스의 드브로이는 빛이 때로는 파동처럼 행동하고 때로는 입자처럼 행동한다면 입자들도 때로는 파동처럼 행동하지 않을까 하는 생각을 가지게 되었다. 드브로이는 이러한 파동을 물질파라고 불렀다.

7-3 〈드브로이〉

드브로이의 물질파의 도입으로 뉴턴 시대부터 시작되어 온 빛의 입자설과 파동설의 싸움은 결국 무승부로 끝나게 되었고 빛을 포함하여 모든 물질은 입자의 성질과 파동의 성질을 동시에 갖게 되었다.

그러면 물질파란 무엇일까? 드브로이는 우리가 확실히 입자라고 믿고 있는 야구공이나 지구, 먼지, 전자도 모두 운동할 때 물질파가 발생한다고 주장했다. 그러면 물질파의 매질은 무엇인가? 모든 입자들은 진공 속에서 움직일 수 있다. 그리고 입자의 진공 속에서의 움직임이 물질파를 만들어 낸다면 물질파는 아무 물질도 없는 진공 속을 움직이게 된다. 따라서 물질파의 매질은 없는 셈이다.

활동수업

호이겐스의 전자시계에 대해 알아보자.

교과 연계 내용

산란

당구공을 쳐서 정지해 있는 당구공과 충돌시키면 충돌한 당구공의 경로가 꺾이는 것을 쉽게 볼 수 있다. 또한 충돌 후 당구공의 운동 에너지는 작아지고 이로 인해 당구공의 속도는 줄어든다. 두 물체가 직접적으로 충돌을 하지 않더라도 두 물체 사이의 상호작용(주로 서로 미는 힘)에 의해 물체의 경로가 꺾이는 현상을 산란이라 부른다. 두 당구공의 충돌도 산란에 포함된다.

물질파란 무엇인가?

우리는 전자기파란 매질을 필요로 하지 않는 파동이라고 배웠다. 그렇다면 물질파는 전자기파의 일종인가? 아니다. 전자기파는 전기를 띤 물체가 움직일 때 생기는 파동이다. 그러나 물질파는 전기를 띠지 않은 입자들이 움직일 때도 생긴다. 따라서 물질파와 전자기파는 다르다.

그러면 도대체 물질파의 정체는 무엇인가? 그리고 왜 우리는 야구공이 날아갈 때 야구공이 발생시키는 물질파를 느낄 수 없는가? 드브로이는 질량을 가진 물체가 어떤 속도로 운동할 때 이 물체가 발생하는 물질파의 파장이 다음과 같다고 생각했다.

$$\text{파장} = \frac{h}{\text{질량} \times \text{속도}}$$

여기서 h는 플랑크상수이다. 드브로이가 이 공식을 찾아낸 동기는 보어의 원자 모형에서 허용되는 궤도가 불연속적이라는 사실에서 출발한다.

드브로이의 물질파를 잘 느끼지 못하는 주된 이유는 물질파의 파장이 이토록 작은 값을 갖는 플랑크상수에 비례하며, 대부분의 경우 물질파의 파장이 관찰하기 힘들 정도로 너무 작기 때문이다. 예를 들어 지구가 움직일 때 생기는 물질파의 파장을 구해 보자. 지구의 질량은 6×10^{27}g이고 지구가 태양 주위를 도는 속도는 3×10^{6}cm/s이다. 따라서 지구라는 물질파의 파장은 드브로이의 공식에 따라 다음과 같이 된다.

$$\text{파장} = \frac{6.6 \times 10^{-27}}{(6 \times 10^{27})(3 \times 10^{6})} = 3.6 \times 10^{-61}\,\text{cm}$$

그런데 이렇게 작은 파장을 갖는 파동은 현재의 어떤 장치를 이용한다 해도 확인이 불가능하다. 따라서 우리는 지구가 물질파라는 파동임을 느낄 수 없는 것이다.

이번에는 날아가는 야구공의 물질과 파장을 구해 보자. 질량이 0.2kg이고 속도가 시속 160km (초속 44m)인 야구공의 물질파 파장은

$$\text{파장} = \frac{6.6 \times 10^{-34}}{0.2 \times 44} = 10^{-32}\text{m}$$

로 너무 작아 어떠한 장치를 이용한다고 해도 이렇게 작은 파장의 관측은 불가능하다.

그러면 물질파는 관측될 수 없는 파동인가? 아니다. 다시 한 번 드브로이의 공식을 들여다보자. 이 공식은 물질파의 파장이 플랑크상수를 질량과 속도의 곱으로 나눈 값이라는 것을 말한다. 그런데 플랑크상수가 너무 작아서 대부분의 입자들의 경우 파장이 관측 불가능할 정도로 작은 값이 되는 것이다. 그런데 만일 어떤 입자의 질량이 아주 작다면 어떨까? 질량이 작은 입자로는 어떤 것들이 있는가를 생각해 보자. 우리는 앞에서 전자의 질량이 약 10^{-27}g임을 알고 있다. 그러면 전자의 속도를 알아야 한다. 그런데 전자와 같이 전기를 띤 물체는 전압을 걸어주면 어떤 속도로 운동을 한다. 예를 들어 1볼트의 전압을 걸었을 때 전자는 초속 6×10^7cm의 속도로 움직인다. 이 값을 드브로이 공식에 대입하면 전자의 물질과 파장은

$$\text{파장} = \frac{6.6 \times 10^{-27}}{10^{-27} \times (6 \times 10^7)} \fallingdotseq 10^{-7}\text{cm}$$

가 된다. 이 파장은 대략 X선 정도에 해당한다. 이 정도의 파장을 갖는 X선은 이미 발견되었다. 그렇다면 전자의 물질파 파장도 관측이 가능해 보인다. 1927년 데이비슨과 거머가 높은 전압에 의해 가속된 전자를 금속에 부딪치게 해서 나온 밝고 어두운 무늬를 발견함으로써 전자에 대한 드브로이의 물질과 가설이 옳다는 것이 판명되었다.

2 불확정성의 원리

드브로이의 물질파 이론에 의해 모든 물질은 파동이면서 동시에 입자로 해석할 수 있다. 이로써 완전한 입자로 취급되었던 전자를 파동으로 다룰 수 있게 되었다. 그래서 물리학자들은 어떤 경우에는 전자를 입자로 취급하고 어떤 경우에는 전자를 파동으로 다루었다.

자, 그럼 전자를 파동이라고 생각해 보자. 입자는 공간 속에서 어떤 유용한 부분을 차지하지만 파동은 공간 속에서 무한히 펼쳐져 있다. 핵 주위를 돌고 있는 전자가 파동이라면 도대체 전자는 어디에 있어야 하는가? 이 의문은 독일의 하이젠베르크가 불확정성의 원리를 도입함으로써 해결된다. 하이젠베르크의 불확정성원리나 슈뢰딩거 방정식은 이 책의 범위를 훨씬 넘어서기 때문에 그 자세한 내용을 여기서 다룰 수는 없다. 그러므로 간단하게 불확정성의 원리가 무엇인가에 대해서 한번 얘기해 보도록 하자.

7-4 〈하이젠베르그〉

불확정성의 원리에 의하면 전자의 위치와 속도를 동시에 정확하게 알 수 없다고 한다. 위치와 속도를 정확하게 알 수 없다면 어떤 시간에서의 전자의 위치를 정확하게 예측할 수 없다. 이것을 토대로 하이젠베르크는 불확정성원리를 주장하였고 이유는 알 수 없지만 전자는 이 원리를 따른다고 생각했다. 전자의 질량과 속도의 곱은 운동량이라고 부르는데 하이젠베르크의 불확정성원리를 요약하면 다음과 같다.

전자의 위치와 운동량은 동시에 정확하게 예측할 수 없다.

이는 전자의 속도를 정확하게 결정하려고 하면 전자의 위치는 정확하게 결정할 수 없다는 얘기가 된다. 정확하게 결정할 수 없다는 것은 오차가 있다는 것으로도 생각할 수 있다. 따라서 전자의 위치에 대한 오차를 줄이려고 하면 전자의 운동량의 오차는 커지고, 반대로 전자의 운동량의 오차를 줄이려고 하면 전자의 위치에 대한 오차는 커지게 된다. 다시 말해 전자의 위치에 대한 오차와 운동량에 대한 오차는 서로 반비례의 관계에 있다. 따라서 불확정성원리를 다시 표현하면 다음과 같이 쓸 수 있다.

$$(\text{위치의 오차}) \times (\text{운동량의 오차}) = \text{일정} = \text{양자상수}$$

여기서 일정한 값은 양자상수 또는 플랑크상수로 알려져 있고 그 크기는 10^{-34} 정도이다. 이 값은 소수점 뒤에 0이 서른네 개가 붙고 난 후에 나오는 아주 작은 값이다. 운동량이 질량과 속도의 곱이므로 불확정성원리를 다음과 같이 다시 쓸 수 있다.

$$(\text{위치의 오차}) \times (\text{속도의 오차}) = \frac{\text{양자상수}}{\text{질량}}$$

거시적 세계에서 질량이 $0.1\text{g} = 10^{-4}\text{kg}$ 정도인 물체에 대해 위 식에서 우변은 10^{-30} 정도가 된다. 이는 우리가 위치와 속도의 오차를 다음과 같이 택할 수 있음을 말한다.

$$(\text{위치의 오차}) = 10^{-15}(\text{m})$$
$$(\text{속도의 오차}) = 10^{-15}(\text{m/s})$$

하지만 이 정도의 오차는 돌멩이가 떨어지는 운동이나 지구가 공전하는 운동과 같은 거시적인 세계의 운동에서는 무시할 수 있다. 따라서 거시적 세계에서 우리는 불확정성의 원리의 필요성을 느끼지 않는다.

전자가 살고 있는 원자 속을 생각해 보자. 질량이 5×10^{-34}kg인 전자에 대한 불확정성원리는

$$(\text{위치의 오차}) \times (\text{속도의 오차}) = 0.2$$

가 되어 두 오차를 아주 작은 값으로 줄일 수 없다. 예를 들어 위치를 거의 정확하게 결정하려고 위치의 오차를 10^{-10} 정도로 하면 속도의 오차는 2×10^{9}이라는 아주 큰 값이 되어 전자의 속도를 정확하게 결정할 수 없게 된다. 따라서 이러한 세계에서는 불확정성원리가 중요한 영향을 미치게 된다.

그러면 전자는 어디에 있다는 것인가? 1번부터 10,000번까지 쓰여 있는 카드를 생각하자. 이 중 하나의 카드에는 선물을 탈 수 있는 상품권이 표시되어 있고 다른 카드는 꽝이라고 하자. 이때 두 사람이 이 카드를 나누어 갖는데 한 사람은 1장을 갖고 다른 한 사람은 9,999장을 갖는다고 하자. 그러면 이 상품권은 누구에게 돌아가겠는가? 물론 9,999장을 가진 사람이 아주 많이 유리하다. 그러나 기적이 일어날 수 있다. 9,999장을 가진 사람의 카드는 모두 꽝이고 단지 한 장만 가진 사람에게 상품권

이 돌아갈 수도 있다. 물론 기적과 같은 일이지만. 이것이 확률의 신비로움이다. 따라서 우리는 두 사람 중 누가 상품권을 갖고 있는가를 정확하게 결정할 수 없다. 다만 '9,999장을 가진 사람이 상품권을 가질 확률이 높다'라고 말할 수 있을 뿐이다.

바로 이 개념을 도입하면 우리는 전자의 위치를 정확하게 결정할 수 없다고 해도 그리 걱정할 필요는 없다. 전자가 어떤 위치에서 발견될 확률이 큰 곳에 전자가 있을 것이라고 생각하면 되기 때문이다. 단, 전자의 위치와 속도가 정확하지는 않다.

하이젠베르크가 불확정성의 원리를 발표하고 나서 코펜하겐 연구소의 보어는 서로 정확하게 결정될 수 없는 것은 위치와 운동량뿐 아니라 에너지와 시간도 동시에 정확하게 결정되지 않는다는 것을 알아냈다.

$$(\text{에너지의 오차}) \times (\text{시간의 오차}) = \text{일정} = \text{양자상수}$$

불확정성원리가 발표되고 이 원리에 가장 큰 거부 반응을 보인 사람은 아인슈타인이었다. 아인슈타인은 보어를 주축으로 하는 양자론들이 궤변을 늘어놓는다고 생각했다. 아인슈타인은 1920년대 솔베이 학회에서 드디어 양자론자들을 공격할 수 있는 가상의 실험 장치를 고안했다.

아인슈타인은 거울이 들어 있는 빛이 가득 찬 상자를 가정했다. 상자에는 시계와 연결된 사진기 셔터가 붙어 있었다. 마치 시한폭탄과 연결된 시계가 어떤 시각을 가리키는 순간 폭탄의 스위치를 작동시켜 폭탄이 터지게끔 하는 것처럼, 이 시계가 어떤 시각을 가리키는 순간 사진기의 셔터가 자동으로 열리게 되어 있다고 하자. 시계는 상자 안에 있고 처음 셔터는 닫혀 있으므로 상자의 내부는 바깥과 완전히 고립되어 있다.

검은 물체 상자처럼 셔터가 열리지 않으면 상자 안의 빛이 밖으로 새어나가지 않는다고 가정하자. 우선 시계가 움직이기 전에 상자의 무게를 잰다. 그리고 시계가 동작을 시작하여 어떤 정확한 시각을 가리키는 순간 셔터가 열리고 그 곳을 통해 상자 속의 빛이 밖으로 방출된다. 상자 속의 빛이 방출됨으로써 상자 속의 에너지는 밖으로 빠져나간 빛의 에너지만큼 줄어든다. 얼마만큼 줄어들었는가는 셔터가 열린 순간의 상자의 무게를 재면 알 수 있다. 따라서 상자의 질량의 차이를 정확하게 잴 수 있고 이로 인해 에너지를 정확하게 결정할 수 있다. 셔터는 시계에 맞추어 놓은 특정한 시각에 열리도록 장치해 놓았으므로 측정시간의 오차는 0이 된다. 아인슈타인은 이 사고 실험에서처럼 산란과 에너지를 동시에 정확하게 결정할 수 있으므로 불확정성원리는 틀린 이론이라고 주장하며 보어를 비롯한 양자론자들을 공격했다.

아인슈타인의 질문에 보어는 바로 대응을 할 수 없었다. 이로 인해 보어는 고민에 빠졌고 밤을 새워 고민한 끝에 다음날 아인슈타인의 질문에 대한 답변을 찾게 되었다.

빛 에너지가 셔터를 통해 빠져나가는 시간을 측정하는 장치는 상자 속의 시계이다. 그런데 상자의 무게를 잰다는 것은 상자가 용수철에 매달려 용수철 방향인 위아래 방향으로 이동한다는 것을 의미한다. 지금 이 경우는 상자가 가벼워지므로 상자가 용수철에 의해 올라갈 것이다.

위아래 방향으로 이동하면 처음 위치와 나중 위치의 중력이 다르므로 빛이 빠져나가기 전의 시계와 빛이 빠져나간 후의 시계는 다르게 간다. 이것은 아인슈타인의 일반상대성 원리에 의한 것이다. 이때 셔터가 열린 순간의 정확한 시각을 측정하는 데 어려움이 생기고 이로 인해 시간의 오차가 생긴다.

좀 더 쉽게 이야기해 보자. 상자의 무게를 정확하게 재려면 상자의 높이의 오차를 줄여야 한다. 이는 상자의 에너지를 정확하게 잰다는 것을 말한다. 그런데 높이의 오차를 줄이면 운동량의 오차가 커진다. 운동량의 변화가 힘과 시간과의 곱이므로 운동량의 오차가 커진다는 것은 시간의 오차가 커진다는 것을 의미한다. 따라서 에너지의 오차가 작아지면 시간의 오차가 커지므로 아인슈타인의 반론은 의미가 없다.

그 당시 아인슈타인과 보어의 양자역학 논쟁은 많은 사람들의 관심을 끌었고 결과는 보어의 판정승이었다.

활동수업

1) EPR 파라독스에 대해 알아보자.

2) 양자이동에 대해 알아보자.

교과 연계 내용

가상의 양자 나라

우리가 불확정성원리를 느끼려면 우리가 사는 세상의 양자상수가 크다고 가정해야 한다. 이러한 가상현실 속에서 우리에게 어떤 일이 벌어지는가를 보면 전자가 원자 속에서 불확정성원리를 따라 어떤 이상한 행동을 하는가를 알 수 있다.

우선 먼저 야구장으로 가보자. 투수가 공을 던졌다. 타자는 아주 빠른 공이라 생각하고 다음 공이 이 속도로 날아온다면 펜스를 넘길 수 있다고 생각한다. 자, 여기서 투수가 두 번째 공을 다시 정확하게 그 속도로 던졌다면 이 타자는 이 공을 칠 수 있는가? 이 타자를 관찰자로, 야구공을 전자로, 야구공의 위치와 속도 사이에 불확정성원리가 적용된다는 것을 생각하면 쉽게 풀리는 문제이다. 자 이제 답을 말해 보자.

이 타자가 야구공의 속도를 거의 정확하게 관측했다면 야구공의 속도의 오차는 아주 작은 값이 된다.

$$(\text{위치의 오차}) \times (\text{아주 작은 값}) = 1$$

이므로

$$(\text{위치의 오차}) = \frac{1}{(\text{아주 작은 값})} \approx \text{아주 큰 값}$$

이 되어 야구공의 위치의 오차는 아주 큰 값이 된다. 따라서 이 타자는 투수가 두 번째 공을 던진 후 마치 야구공이 사라진 것처럼 느껴질 것이다. 이것은 야구공의 위치의 오차가 너무 크기 때문이다. 반대로 야구공의 위치의 오차를 작게 하려고 하면 야구공의 속도의 오차는 오히려 매우 커져서 이 타자는 야구공이 어떤 속도로 자신에게 날아오는가를 알 수 없게 될 것이다.

이번에는 다른 예를 들어보자. 이번엔 공기총을 들고 사냥을 하러 떠났다. 갑자기 토끼 여러 마리가 나타났다. 사수는 토끼가 뛰어가는 속력을 체크하고는 한 마리의 토끼를 향해 방아쇠를 당겼다. 총알은 정확하게 토끼의 몸 한 가운데를 맞추었다. 그런데 이상한 일이 일어났다. 총에 맞은 토끼가 죽지 않았던 것이다. 왜 이런 일이 벌어졌는가?

그것은 간단하다. 토끼의 속력을 사수가 거의 정확하게 관측했다면 토끼의 위치의 오차는 매우 커져서 여러 개의 토끼로 보이게 되는데, 이 토끼 무리는 사실 토끼 한 마리이다. 그러니까 사수는 한 마리의 토끼가 어디 있는지를 모르고 있는 셈이다. 이런 세상에서 토끼를 잡는 방법은 무수히 많은 총알을 토끼 무리를 향해 쏘아 대는 것이다. 그러다 보면 토끼가 총에 맞을 수도 있다.

똑같은 상황을 코끼리에 적용해 보면 어떻게 될까? 이때는 코끼리가 한 마리로 보일지도 모른다. 왜냐하면 질량이 큰 물체일수록 위치와 속도의 오차의 곱은 작아지기 때문이다. 그러나 이 경우에도 코끼리는 우리의 세상에서 보는 모습과는 다르다. 코끼리 몸을 자세히 들여다보면 그 윤곽이 흐릿해 마치 털이 많이 난 짐승처럼 보일 것이다. 이것도 불확정성원리 때문인데 코끼리가 여러 마리로 보이지 않는 것은 코끼리의 질량이 너무 크기 때문이다.

이번에는 우리가 고양이의 털을 만져주는 경우를 생각하자. 만일 이 고양이가 양자 나라의 고양이라면 우리는 고양이 머리를 쓰다듬어 주기가 힘들다. 왜냐하면 만일 고양이의 머리에 있는 털 주변을 만지게 되면 위치의 오차가 너무 작아져 속도의 오차가 커진다. 따라서 고양이에게 갑자기 큰 속도가 가해짐으로 인해 고양이의 목뼈가 부러져 고양이가 죽을지도 모른다. 또 이와는 반대로 고양이를 쓰다듬는 속도를 잘 맞출 수 있다고 하면 속도의 오차는 작아지지만 위치의 오차가 너무 커져 우리가 고양이를 쓰다듬는 곳에 고양이가 있는 것인지 아니면 우리로부터 수십 킬로미터 떨어진 곳에 고양이가 있는 것인지를 알 수가 없게 된다.

만일 사람들의 행동이 불확정성원리를 따른다면 우리가 사랑하는 연인에게 키스를 할 수 있겠는가? 미안하지만 불가능하다. 우리가 사랑하는 연인의 입에 키스를 하려면 상대방의 입술에 정확하게 접촉할 수 있어야 한다. 그런데 입술의 위치를 정확하게 찾으면 우리의 입술이 상대방의 입술에 닿는 속도의 오차는 아주 커지게 되고 그로 인해 잘못하면 연인들이 키스 후에 죽을 수도 있으니 이런 나라에서는 가능한 한 키스를 삼가야 할 것이다. 그러므로 우리의 행동이 불확정성원리를 따르지 않는다는 것은 참으로 다행스러운 일이다.

08 양자전자의 발견

1 노새전자

양자론과 상대성이론은 20세기 초반 고전물리학을 뒤흔드는 두 기둥으로 등장하였다. 상대성이론이 걸출한 천재 아인슈타인의 독무대라면 양자론은 뚜렷하게 누가 만들었다고 할 수 없을 정도로 많은 천재들에 의해 이루어졌다.

상대론과 양자론의 보스인 아인슈타인과 보어는 끊임없이 논쟁을 벌여왔고 그런 이유로 상대론과 양자론은 큰 교류 없이 독자적으로 발전하게 된다. 그러나 1928년 영국의 디락은 양자론과 아인슈타인의 특수상대성원리를 결혼시키는 데 성공한다. 슈뢰딩거가 뉴턴의 고전역학과 양자론의 결합을 이루었다면 디락은 슈뢰딩거의 결과보다 한 걸음 더 나아간 것이다.

그러면 왜 디락은 양자론과 상대론을 결합시키려고 했을까? 그것은 간단하다. 아인슈타인의 특수상대론에 의하면 물체의 속도가 빛의 속도에 가까울 정도로 빠르면 뉴턴 역학에서는 예상도 할 수 없는 많은 신기한 현상들이 나타나게 된다.

8-1 〈디락〉

예를 들어 움직이는 물체의 시계가 느리게 간다든가 공간이 수축되어 보인다든가 움직이는 물체의 질량이 점점 커진다든가 하는 일들이다. 디락은 원자 속의 전자도 매우 빠른 속도로 움직이므로 당연히 뉴턴 역학을 일반화한 특수상대성원리를 따라야 한다고 생각한 것이다.

'높이 나는 새가 더 멀리까지 본다'는 얘기처럼 뉴턴 역학을 일반화한 아인슈타인의 상대성원리를 양자론에 적용함으로써 디락은 슈뢰딩거가 볼 수 없었던 놀라운 결과를 얻어냈다.

아인슈타인의 특수상대성원리에 따르면 질량(m)과 에너지(E)의 관계는 $E=mc^2$으로 주어진다. 여기서 c는 빛의 속도이다. 디락이 상대론과 양자론을 결합시켜 얻은 결과로, 양자론과 상대론을 동시에 따르는 전자는

$$E^2=(mc^2)^2$$

을 만족해야 한다는 것이다. 우리가 $x^2=1$을 풀면 $x=+1$이라는 양의 제곱근과 $x=-1$이라는 음의 제곱근을 얻을 수 있듯이 이 관계식을 풀어보면 $E=+mc^2$인 전자가 있으면 $E=-mc^2$인 전자도 존재해야 한다.

여기서 $E=mc^2$을 가진 전자는 양의 에너지를 가진 전자로 우리가 흔히 알고 있는 전자이다. 그러면 $E=-mc^2$을 가진 전자는 음의 에너지를 가진 전자인데 이러한 전자는 무엇인가?

여기서 디락은 고민에 빠지게 된다. 중학생에게 어떤 정사각형의 땅의 면적이 100제곱미터일 때 한 변의 길이가 얼마냐고 물으면 중학생은 다음과 같이 설명한다. 한 변의 길이를 x라고 하면 정사각형의 면적은 x^2이다. 따라서 $x^2=100$을 풀면 한 변의 길이가 구해진다. 그런데 이 식을 풀면 $x=\pm 10$cm가 된다. 그럼 그 중학생은 길이는 음수가 될 수 없으므로 한 변의 길이는 10cm라고 말하면서 -10cm를 버린다.

디락의 고민은 바로 여기에 있었다. 양의 에너지는 전자의 에너지로 이해할 수 있는데 기존의 상식으로는 음의 에너지는 버려야 했다. 이 음의 에너지는 슈뢰딩거 방정식으로는 전혀 설명할 수 없는 결과였다. 그러나 디락은 자신의 방정식을 통해 나온 두 개의 해를 다 인정하기로 하고 이 음의 에너지를 갖는 해에 대해 좀 더 깊이 생각하기 시작했다.

양의 에너지를 가진 정상적인 전자는 운동 방향으로 힘을 작용하면 운동 방향으로 속도가 증가한다. 그것은 정상적인 전자가 양의 에너지를 갖고 있기 때문이다. 예를 들어 정상적인 전자의 에너지 ($E=+mc^2$)가 4이고 운동 방향으로 작용한 힘에 의한 에너지가 2라면 이 전자의 에너지는 4+2=6이 되어 에너지가 4에서 6으로 늘어나 속도가 증가한다.

음의 에너지를 가진 전자의 에너지 ($E=-mc^2$)을 -4라 하고 이 전자에 작용한 에너지가 2라면 전자의 에너지는 $-4+2=-2$가 되어 전자의 에너지의 크기가 $|-4|=4$ 에서 $|-2|=2$ 로 줄어들기 때문에 운동 방향으로 힘을 작용하면 오히려 속도가 감소한다.

동물 중에 말보다 조금 작은 노새라는 동물이 있다. 노새는 본래 유순한 동물이지만 불만이 있으면 주인이 앞으로 가자고 끌어도 뒷걸음치는 동물이다. 디락은 음의 에너지를 가진 전자가 노새처럼 운동 방향으로 에너지를 주어도 오히려 속도가 작아지는 행동을 보이기 때문에 '노새전자'라고 이름 붙였다.

정상적인 전자는 양의 에너지를 가지고 있고 노새전자는 음의 에너지를 가지고 있다. 음수는 양수보다 항상 작으므로 노새전자의 에너지는 정상적인 전자의 에너지보다 작다. 물리학에서 에너지가 더 낮다는 것은 더 안정된 상태임을 의미한다. 그리고 물리법칙은 물체가 점차 안정된 상태로 바뀌어 감을 말해준다. 그렇다면 정상적인 전자는 더 안정된 상태인 노새전자로 점차 바뀌어 세상에는 양의 에너지를 가진 정상적인 전자가 존재하지 않을 것이다. 그러나 실제로는 정상적인 전자는 안정된 입자이기 때문에 다른 어떤 입자로도 바뀌지 않고 음의 에너지를 가진 노새전자는 발견되지 않는다.

1930년 디락은 정상적인 전자가 왜 노새전자로 바뀌지 않는가를 궁금해 하였다. 그는 '정상적인 전자가 노새전자가 되려고 해도 공간 전체가 노새전자로 꽉 채워져 있다면 노새전자로 바뀔 수 없는 것이 아닐까'라고 생각했다. 마치 아주 인기 있는 가수의 콘서트의 표가 일찍 매진되어 돈(정상적인 전자)이 아무리 많아도 더 이상 좌석표(노새전자)를 살 수 없게 되는 것과 같은 이치이다. 이때 공간은 무한개의 노새전자로 채워져 있으므로 무한대의 질량과 무한대의 전하량을 갖는다. 그에 비해 정상적인 전자는 이제 노새전자로 변하지 않으므로 안정된 입자가 되어 유한 공간에 존재한다. 디락은 이렇게 무한개의 노새전자로 채워져 있는 무한한 공간을 진공(또는 디락의 바다)이라고 불렀다.

노새전자는 공간을 꽉 채우고 있어 우리가 볼 수 없지만 정상적인 전자는 노새전자와 에너지가 다르다. 이는 노새전자들의 공간을 마음대로 움직일 수 있고 전 공간에 퍼져 있는 것이 아니라 어떤 작은 공간에 분포되어 있으므로 관측이 가능하다. 그러면 무한대의 질량과 무한대의 전하량을 관측할 수 있는가? 만일 우리가 물고기처럼 넓고 깊은 바닷속에서 살고 있고 바다 표면으로 나갈 수 없다고 하자. 이때 우리는 우리가 살고 있는 바닷물의 질량을 측정할 수 없다. 이렇듯 공간 전체에 균일하게 퍼져 있는 질량 또는 물리량은 관측할 수 없는 것이다.

이때 바닷속에 기포가 생겼다고 하자. 중력이 밑으로 향함에도 불구하고 기포는 마치 반중력을 느끼는 입자처럼 위로 향하게 된다. 이때 바닷물을 구성하는 물질들이 양의 질량을 가졌다면 바닷속에 생긴 구멍은 마치 질량의 부호가 음으로 바뀐 것처럼 행동한다. 마찬가지로 노새전자로 꽉 채워져 있는 디락의 바다에 우연히 노새전자가 빠져나간 구멍이 생긴다면 이 구멍은 어떤 행동을 하겠는가? 이전의 기포의 경우 질량의 부호가 달라진 것처럼 행동했듯이 디락의 바다에서 노새전자가 빠져나간 구멍은 노새전자의 전하량과 반대 부호의 전하량을 갖는 입자처럼 행동할 것이다. 노새전자가 음의 전하량을 가지고 있으므로 구멍은 양의 전하량을 가져야 한다. 이것이 디락의 유명한 구멍이론이다.

디락은 처음 노새전자가 빠져나간 구멍을 양성자라고 생각했다. 그것은 당시까지 알려져 있는 전자, 양성자, 광자 정도였고 이중 전자와 반대 부호의 전하량을 갖는 입자는 양성자뿐이었기 때문이다.

그러나 디락의 바다의 구멍이 양성자라는 생각에 대해 파울리는 다음과 같이 반박했다. 디락의 바다의 구멍이 양성자라면 이 구멍이 정상적인 전자와 만나는 순간 구멍은 정상적인 전자로 채워진다. 정상적인 전자가 양의 에너지를 가지고 있으므로 음의 에너지를 가진 입자들만 살 수 있는 디락의 바다로 가려면 에너지를 버려야 한다. 이 버려진 에너지는 감마선이 된다. 디락의 바다는 우리가 볼 수 없는 세계이므로 디락의 바닷속에 있는 구멍(양성자)에 들어간 전자는 우리 눈에 보이지 않는다. 이것은 양성자와 전자가 만나면 우리가 볼 수 있는 세상에서 사라지고 감마선이 되어 버린다는 것을 의미한다. 그렇다면 모든 물체는 원자로 구성되어 있고 원자는 같은 수의 양성자와 전자로 구성되어 있으므로 이들이 만나 모두 사라지고 우주에는 온통 빛(감마선)만 남아야 한다.

파울리의 반박에 대해 디락은 마땅한 해답을 알고 있지 못했다. 그러나 2년 뒤 1932년 미국의 앤더슨은 안개상자에 자석을 놓아 우주선을 연구하다가 이상한 사진 한 장을 촬영한다. 이 사진에는 한 점에서 출발해 서로 반대 방향으로 구부러진 두 개의 비적이 관찰되었다. 전기를 띤 입자가 자석 속에서 서로 다른 방향으로 휜다는 것은 두 입자의 전하가 반대 부호임을 의미한다.

하나는 정상적인 전자의 비적이었다. 그런데 다른 하나의 비적은 그 휜 정도가 정상적인 전자의 비적의 휜 정도와 같았으므로 정상적인 전자와 질량은 같고 전하는 반대인 입자이어야 했다.

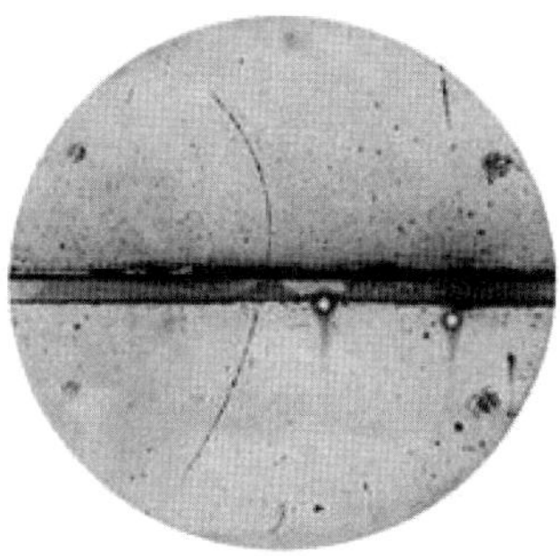

8-2 〈양전자 발견 사진〉

앤더슨은 이것이 양(positive)의 전하량을 가진 전자(electron)라 해서 두 단어를 결합한 양성자(positron)라 불렀다. 앤더슨의 양전자 발견에 가장 좋아했던 사람은 다름 아닌 디락이었다. 디락의 바다에 생긴 구멍은 바로 양전자였다. 이를 정리해 보면 전자와 양전자가 만나면 빛(감마선)이 되어 사라지고 우주에서 날아오는 높은 에너지를 가진 감마선으로부터 전자와 양전자가 만들어진다. 이것을 물질의 쌍생성과 쌍소멸이라 부른다.

약 20년의 세월이 흘러 1953년 양성자의 반입자인 반양성자를 찾기 위해 두 개의 양성자 가속기가 건설되었다. 바로 뉴욕 근처의 브룩헤이븐 국립연구소의 23억 전자볼트의 에너지를 갖는 코스모트론과 캘리포니아 대학의 62억 전자볼트의 베바트론이다.

양전자를 얻기 위해서는 백만 전자볼트 정도면 되고 이 정도는 우주선으로부터 얻을 수 있으므로 양전자는 주로 우주선 속의 감마선에 의해 만들어진다. 그러나 반양성자를 만드는 데는 20억 전자볼트 이상의 에너지를 필요로 하므로 인공적으로 이렇게 큰 에너지를 낼 수 있는 입자 가속기가 필요하다.

8-3 〈베바트론〉

1955년 10월 캘리포니아대학의 세그레와 체임벌린이 베바트론을 통해 반양성자를 발견함으로써 반입자의 존재는 더 큰 확신을 갖게 되었다.

활동수업

상대성이론에 대해 알아보자.

교과 연계 내용

디락의 구멍이론

이제 쌍생성과 쌍소멸을 디락의 구멍이론으로 다시 설명해 보자. −2라는 음의 에너지를 갖는 노새전자들로 가득 차 있는 디락의 바다를 생각해 보자. 물론 디락의 바다 속의 노새전자들은 우리 눈에 보이지 않는다. 이때 디락의 바다에 +4의 에너지를 가진 감마선을 쪼이면 −2의 에너지를 가진 노새전자 하나가 −2+4=+2라는 에너지를 갖게 되고 이것은 정상적인 전자의 탄생을 의미한다. 디락의 바다에 있는 무수히 많은 노새전자 중의 하나가 전자로 바뀌고 그 부분은 구멍이 된다. 이 구멍이 바로 전자의 반입자인 양전자이므로 결국 감마선이 전자 한 개와 양전자 한 개를 동시에 탄생시킨 셈이 된다. 이것이 바로 물질의 쌍생성이다.

이번에는 물질의 쌍소멸에 대해 생각해 보자. 구멍이 하나 있는 디락의 바다에서 +2의 에너지를 가진 정상적인 전자가 이 구멍을 채우려면 어떻게 되어야 하는가? 디락의 바다의 노새전자가 되려면 −2의 에너지를 가져야 하므로 결국 이 정상적인 전자가 디락의 바다의 구멍을 채우기 위해서는 +4의 에너지를 버려야 한다. 이때 버려진 +4의 에너지를 갖는 감마선이 발생하고 정상적인 전자는 디락의 바다의 구멍을 채우면서 우리 눈에 보이지 않게 되는데 이것이 바로 물질의 쌍소멸이다.

디락의 쌍생성 및 쌍소멸 이론은 전자와 양전자에 국한되지 않고 더 일반화된다. 이로써 모든 입자는 자신과 질량은 같고 전하량은 반대인 반입자를 가지며 이들이 만나면 빛으로 사라진다는 사실이 나중에 알려지게 된다. 디락의 구멍이론에 따라 결국 어떤 입자가 있으면 그의 짝인 반입자가 있으며 입자의 에너지가 양이면 반입자의 에너지는 크기는 같고 부호는 음이 되어야 한다.

검출기

전자나 양전자 같이 너무 작아 어떠한 장치를 이용해도 볼 수 없는 입자들은 어떻게 찾는가? 우선 전기를 띤 입자들을 찾는 고전적인 여러 가지 종류의 검출기를 살펴보자.

1910년 가이거는 전기를 띤 입자를 발견하는 가이거 계수기라는 검출기를 발명했다. 전기를 띤 입자가 관 속을 지나가면서 관 속의 기체 원자들과 충돌하여 전자들을 방출하고 이들 전자들이 관 속의 전선에 도달한다. 전기를 띤 전자들이 전선에 도달하여 움직이면 전류가 흐르는데 아주 많은 전자들이 전선에 도착하면 그 결과 전류가 증폭되어 계수기에 찰가닥 소리가 나게 된다. 이때 소리가 한 번 나면 입자 한 개가 검출된 셈이고 소리가 두 번 나면 입자 두 개가 검출된 것을 의미한다.

1911년 캐빈디쉬 연구소의 윌슨은 과포화 수증기를 채운 상자 속을 전기를 띤 입자가 지나갈 때, 입자와 공기 분자의 충돌로 공기 중의 산소와 질소의 전자가 방출되어 이들 원자들이 이온화되고 이온화된 원자의 흔적이 안개처럼 발생하는 안개상자를 발명했다. 이때 입자의 속도가 빠르면 공기 분자와의 충돌 횟수가 작아지므로 이온화된 원자의 흔적(안개)이 작게 생겨 가느다란 궤적을 남긴다. 1960년 미국의 글레이져는 안개상자를 개량한 수소거품상자를 발명했다. 그는 과포화 수증기 대신 과포화 액체수소를 이용했다.

우주선은 우주공간으로부터 오는 에너지가 큰 방사선으로 20세기 초 그 존재가 알려졌다. 1912년 오스트리아의 헤스는 12년 동안 이온화 검출기를 실은 수소기구를 타고 500m 상공에서 입자들에 의해 검출기가 이온화되는 것을 알아냈다. 그는 검출기의 이온화가 높은 곳에서 더 많이 일어나므로 이 입자들이 지구의 방사능과는 관련이 없고 낮과 밤에 따라 이온화의 비율이 달라지지 않았으므로 이 입자들은 태양에서 온 것이 아니라는 사실을 알아냈다. 또한 그는 이 전기를 띤 입자들이 우주공간으로부터 오는 에너지가 큰 입자들임을 알아내고 이것을 우주선(Cosmic ray)이라 이름 붙였다. 1936년 지구 대기층의 맨 윗부분과 충돌하는 우주선의 대부분은 높은 에너지를 가진 양성자들임이 밝혀졌다.

09 원자핵 속으로

1 중성자의 발견

우리는 원자핵이 양성자와 중성자로 구성되어 있음을 잘 알고 있다. 그러면 원자핵 속의 중성자는 어떻게 발견했는가? 1911년 러더퍼드는 원자는 양성자로 구성된 원자핵과 그 주위를 도는 전자로 이루어져 있다고 생각했다. 그런데 그렇게 생각하기에는 다소 무리가 있었다. 수소의 원자핵은 양성자 한 개이다. 그리고 전자의 질량은 양성자의 질량의 1,840분의 1 정도에 지나지 않으므로 원자의 질량은 거의 원자핵의 질량이라고 볼 수 있다.

수소의 질량의 네 배인 헬륨을 생각해 보자. 헬륨의 질량이 거의 대부분 헬륨의 원자핵의 질량이라면 헬륨핵은 네 개의 양성자로 이루어져 있어야 한다. 그러면 네 개의 양성자로 구성된 헬륨핵 주위를 두 개의 전자가 돈다면 헬륨원자는 그 자체로서 양의 전기를 띠어야 한다. 그런데 모든 원자는 전기적으로 중성이고 헬륨도 예외일 수는 없다. 그러면 두 개의 전자가 더 필요하다는 얘기가 된다. 그런데 이 네 개의 전자가 헬륨의 원자핵 주위를 돈다는 것은 보어의 원자 모형으로는 이해가 되지 않았다.

여기에서 러더퍼드는 1920년 다시 대담한 가정을 하게 된다. 그는 헬륨의 원자핵은 양성자 네 개와 전자 두 개로 이루어져 있다고 생각했다. 그리고 핵 속에 있는 전자는 양성자와 짝을 이루어 마치 하나의 중성을 띤 입자처럼 보인다고 생각했다. 이처럼 러더퍼드는 핵 속에 중성의 입자가 있을지도 모른다는 생각을 최초로 한 사람이었다.

얼핏 보면 러더퍼드의 원자핵 모형은 그럴듯해 보인다. 그런데 핵 바깥에 있는 궤도전자는 핵의 양전기와 전자의 음전기에 의한 전기력으로 잘 설명된다. 그렇다면 핵 속의 전자와 양성자가 쌍을 이루어 아주 작은 영역에 놓일 수 있는 힘은 궤도전자의 경우와는 다른 힘일 것이다. 이때 작용하는 힘은 궤도전자의 경우보다 훨씬 더 강한 결합력일 것이다. 그렇다면 왜 똑같은 전자가 절반은 전기력보다 훨씬 큰 결합력이 작용하고, 나머지 절반은 전기적인 힘에 의해 궤도전자가 되는가? 이는 러더퍼드의 모형으로는 설명할 수 없다.

1930년 독일의 보테와 베커는 폴로늄에서 나온 알파 입자를 베릴륨에 쪼이면 베릴륨으로부터 투과력이 강한 방사선이 발생함을 알아냈다.

9-1 〈보테〉

이 방사선은 베릴륨에서 나온 것이므로 '베릴륨선'이라 불렀다. 그리고 사람들은 이 미지의 새로운 방사선의 정체를 찾기 시작했다.

1932년 퀴리부인의 딸 이렌느 퀴리와 사위인 졸리오 부부는 파라핀과 같이 수소 원자가 많이 들어 있는 물질에 베릴륨선을 쪼이면 양성자(수소핵)가 튀어나온다는 사실을 알아냈다. 이들은 베릴륨선이 투과력이 강하므로 파장이 아주 짧은 감마선일 것이라 생각했다. 하지만 X선보다 에너지가 큰 감마선이라 할지라도 과연 전자보다 2,000배나 무거운 양성자를 튕겨낼 수 있을까 하는 의문이 생겼다.

이 의문을 해결한 사람은 영국 캐빈디쉬 연구소의 채드윅이었다. 그는 베릴륨선을 수소로 가득 채운 이온화 상자에 충돌시켰을 때 수소 원자가 얼마나 되튕겨지는가를 이용하여 베릴륨선을 구성하는 입자의 질량이 양성자와 거의 같음을 알아냈다.

예를 들어 당구대 위에 놓여 있는 당구공에 쌀알을 던지면 당구공이 움직이지 않는다. 이것은 쌀알이 가벼워서 운동 에너지가 작으므로 정지해 있는 당구공을 움직이게 할 만한 충분한 에너지를 갖지 못하기 때문이다. 그러나 만일 당구공을 던진다면 정지해 있는 당구공은 쉽게 움직이게 된다. 이것은 던진 당구공의 운동 에너지가 정지해 있는 당구공을 움직이기에 충분히 컸다는 것을 의미한다.

그러므로 이렌느 퀴리 부부가 베릴륨선이 감마선일 것이라고 생각한 것은 쌀알로 당구공을 움직이게 하겠다는 이야기이므로 옳지 않은 해석이고, 채드윅이 베릴륨선의 정체가 중성이지만 양성자와 거의 같은 질량을 가진 새로운 입자일 것이라는 생각은 당구공을 던져 정지해 있는 당구공을 움직이게 하는 이야기가 되므로 옳은 해석이다.

9-2 〈이렌느 퀴리와 퀴리부인〉

9-3 〈이렌느 퀴리와 졸리오 퀴리 부부〉

또한 베릴륨선에 자석을 놓았을 때 어느 쪽으로도 휘지 않다는 사실로부터 이것이 중성임을 알았다. 이 입자가 전기적으로 중성이면 원자핵 속의 양성자가 전기적 영향력을 받지 않으므로 쉽게 물질 속을 통과할 수 있다. 그래서 그는 이 입자가 헤릴륨의 핵에서 나왔고 질량은 양성자와 거의 같으며 전기적으로는 중성인 입자라고 생각했다. 이것이 중성자의 발견이다. 채드윅의 중성자 발견으로 핵은 양성자와 중성자로 이루어져 있다는 결론에 도달했다.

채드윅의 중성자 발견에 대한 소식을 전해들은 하이젠베르크는 곧바로 원자핵의 모형을 만들었다. 그의 모형에 따르면 원자번호가 Z인 원자의 경우 그 원자핵은 Z개의 양성자로 구성되고 그 원자핵 주위에는 Z개의 전자가 있다. 그러면 중성자의 개수는 몇 개인가?

여기에서 전자의 질량은 중성자가 양성자에 비해 너무 작아서 거의 무시할 수 있다. 따라서 원자의 질량은 거의 원자핵의 질량이라고 볼 수 있다. 또한 원자핵은 양성자와 중성자로 구성되어 있는데 양성자와 중성자가 핵을 구성하는 입자이므로 이들을 핵자라고 부른다. 중성자의 개수를 N이라고 하고 핵자의 수를 A라고 하면

$$A = Z + N$$

이 성립한다. 여기서 핵자의 수는 원자의 질량수가 된다. 따라서 중성자의 개수는 핵자의 수에서 양성자의 수를 뺀 값이 된다.

활동수업

퀴리부인의 딸 이렌느에 대한 영재 교육법에 대해 알아보자.

교과 연계 내용

동위원소

양성자의 개수는 같고 중성자의 개수는 다른 원소를 동위원소라고 부르는데 이들 사이에는 오로지 질량수의 차이만 있다. 예를 들어 흔히 말하는 수소는 양성자 한 개로 구성되어 있는 원자핵을 갖고 있다. 따라서 질량수는 1이 된다. 그러나 흔하지는 않지만 양성자 한 개와 중성자 한 개로 구성된 핵을 가지고 있는 수소도 존재한다. 이 원자는 질량수가 2인데 이것은 중수소[7]라고 부르는 수소의 동위원소이다. 천연에 존재하는 비율은 질량수 1인 수소가 99.985%, 중수소가 0.0152%이다.

7) 여기서 중은 한자로 무거울 중(重)자를 의미한다.

2 방사능 붕괴

양자역학이 어느 정도 완성되고 나서 물리학자들의 주 관심거리는 원자핵이었다. 19세기 말부터 20세기 초의 방사선에 대한 연구를 통해 방사선이 원자핵 속에서 나온다는 사실이 알려졌다.

1928년 러시아의 레닌그라드대학을 갓 졸업한 가모프는 여름 두 달간 괴팅겐대학에 머물렀다. 그는 알파선이 알파 입자(헬륨핵)로 이루어져 있고 이것이 원자핵에서 나왔다면 알파 입자가 핵 속에 있어야 한다고 생각했다. 그런데 알파 입자도 양의 전기를 띠고 있고 핵도 양의 전기를 띠고 있으므로 전기적으로 밀쳐내는 힘이 매우 강해 알파 입자가 핵 속으로 들어가는 것은 불가능해 보였다.

그렇다면 어떻게 알파 입자가 핵 안에 있을 수 있는가? 또 그것이 왜 다시 핵 밖으로 빠져 나올 수 있는가? 이 문제를 고민하던 가모프는 알파 입자가 양자역학의 원칙을 따른다고 가정해 보기로 하였다. 그렇게 해 보니 불확정성의 원리에 의해 알파 입자가 핵 안에 있을지 핵 밖에 있을지를 정확히 결정할 수 없으므로 알파 입자가 핵 안에 있을 수도 있고 핵 밖에 있을 수도 있다는 사실을 알게 되었다. 따라서 핵 안의 알파 입자가 아주 작은 확률로 핵 밖으로 빠져 나올 수도 있는 것이다.

그 후 양성자와 중성자를 합친 수가 210 이상이면 핵이 너무 크므로 이러한 핵은 핵자를 줄여서 안정된 핵이 되려고 한다는 것이 알려졌다. 핵자를 줄일 때 핵은 알파 입자를 방출하며 다른 원소로 바뀌는데 이것을 알파붕괴라고 부른다.

예를 들어 원자번호가 88번이고 핵자수가 222인 Ra(라듐)의 알파붕괴를 보면 다음과 같다.

$$^{222}_{88}\mathrm{Ra} \rightarrow {}^{218}_{86}\mathrm{Rn} + {}^{4}_{2}\alpha$$

여기서 Rn은 라돈이라는 원소이다. 알파 입자는 양성자가 두 개이고 핵자가 네 개이므로 라듐의 알파붕괴에서 핵자수는 네 개 줄어들고 양성자는 두 개 줄어든다. 핵자수가 양성자의 수와 중성자의 수의 합이므로 결국 알파붕괴에서는 양성자 두 개와 중성자 두 개가 줄어든다는 것을 의미한다. 양성자가 두 개 줄어들기 때문에 원자번호가 2만큼 작은 새로운 원소인 라돈으로 바뀌게 된다.

일반적으로 원자번호가 Z이고 핵자수가 A인 원자 X가 알파붕괴에 의한 원자 Y로 바뀌는 경우의 알파붕괴식은 다음과 같다.

$$^{A}_{Z}\mathrm{X} \rightarrow {}^{A-4}_{Z-2}\mathrm{Y} + {}^{4}_{2}\alpha$$

가모포와 거의 같은 시기에 미국의 컨든과 거니도 같은 이론을 발표했다.

1927년 엘리스는 핵에서 베타선(전자)이 방출될 때 방출되는 전자의 에너지가 일정한 에너지를 갖지 않음을 알아냈다. 베타선 방출 후 원자핵이 원자번호가 하나 더 높은 원자핵으로 바뀌는데 이것을 베타붕괴라 부른다. 붕괴하기 전의 핵이나 붕괴한 후의 핵을 정확히 알 수 있으므로 이들의 질량 차이에 의한 상대적 에너지가 일정하지 않다는 것은 이해가 안 되는 일이었다.

엘리스와 우스터는 베타선을 방출하는 라듐에서 방출되는 전자의 에너지가 0부터 1.23MeV까지 연속적인 분포를 하고 있음을 알아냈다. 그들은 베타선이 원자핵에서 방출될 때는 일정한 에너지인 1.23MeV이지만 측정 장치까지 도달하는 과정에서 공기와의 충돌에 의해 에너지를 잃어버렸다고 생각했다.

그들은 베타붕괴하는 라듐 시료를 열량계에 놓고 어떤 횟수만큼의 붕괴 후 발생한 열량을 측정하였다. 발생한 열량을 붕괴수로 나누면 붕괴 당 베타선의 평균에너지가 나온다. 열량계를 사용하면 베타선과 공기와의 충돌에 의해 생기는 열에너지의 양도 계산에 포함된다. 따라서 베타선이 1.23MeV라는 일정한 에너지로 나왔다면 그들의 실험 결과는 1.23MeV와 일치해야 한다. 그러나 실험 결과는 예상과는 다르게 0.35MeV가 나왔다. 이것은 베타선이 방출될 때부터, 0부터 1.23MeV까지의 에너지를 가지고 있다는 얘기다.

이 문제에 대해 1929년 보어는 “원자핵 속에는 에너지 보존법칙이 깨질 수도 있다”라는 궁여지책을 내놓았다. 그러나 수년 동안 불변의 진리로 여겨왔던 에너지보존법칙을 깬다는 것은 그리 바람직해 보이지 않았다.

1931년 스위스의 파울리는 베타붕괴 때 잘 관측되지 않는 미지의 입자가 베타선과 함께 나오고 이 미지의 입자가 일정하지 않은 에너지를 가지면 에너지 보존법칙을 만족하게 된다는 제안을 하였다.

그 당시의 입자를 검출하는 장치는 전기를 띤 입자들만을 검출할 수 있는 가이거 계수기나 안개상자 정도였다. 따라서 관측이 잘 되지 않는다면 이 미지의 입자는 전기적으로 중성이어야 한다. 또한 이 입자의 질량이 없다면 일정하지 않은 에너지를 설명할 수 있었다. 파울리는 전기적으로 중성이고 질량이 없는 이 입자를 뉴트리노[8]라 불렀다. 뉴트리노도 전자나 양성자와 마찬가지로 자신의 반입자인 반뉴트리노를 파트너로 갖는다.

8) 지금은 뉴트리노가 작은 질량을 가지고 있다고 생각하고 있다.

1932년 핵 속에 중성자가 있다는 것이 채드윅에 의해 알려지고 나서 파울리의 뉴트리노 도입에 깊은 관심을 보인 사람은 이탈리아의 페르미였다. 페르미는 베타붕괴 때 원자의 전하량이 하나 커진다는 사실로부터 베타붕괴에 대해 핵 속의 중성자가 양성자로 바뀌거나 양성자가 중성자로 바뀌는 과정이라고 생각했다. 그는 중성자나 양성자가 서로 바뀌는 베타붕괴과정은 다음과 같은 두 종류가 있음을 알아냈다.

베타붕괴

중성자 → 양성자 + 베타선(전자) + 반뉴트리노

$$ {}^{1}_{0}n \rightarrow {}^{1}_{1}p + {}^{\ 0}_{-1}e + {}^{0-}_{0}\nu $$

역베타붕괴

양성자 → 중성자 + 양전자 + 뉴트리노

$$ {}^{1}_{0}p \rightarrow {}^{1}_{1}n + {}^{0}_{1}e + {}^{0}_{0}\nu $$

여기서 ${}^{1}_{1}p$는 양성자를 뜻하는데 양성자는 수소의 핵이므로 원자번호는 1이 되고 핵자수는 1이 된다. 또한 중성자는 양성자의 개수가 0이므로 $Z=0$이 되어 ${}^{1}_{0}n$이라 쓴다.

그는 이 과정이 기존의 전자기 힘이 아닌 새로운 힘에 의해 묘사된다는 사실을 알아냈고 이 힘의 크기가 전자기 힘에 비해 약하므로 이를 약력(약한 힘)이라 불렀다. 이로써 자연계에 존재하는 힘은 중력과 전자기 힘에 약력이 추가되었다.

베타붕괴과정에서는 중성자가 양성자로 바뀌므로 어떤 원소가 베타붕괴를 하면 양성자수가 하나 늘어나 원자번호가 증가한다. 즉, 원자번호가 Z이고 핵자수가 A인 원자의 베타붕괴는 다음과 같다.

$$^{A}_{Z}X \rightarrow {}^{A}_{Z+1}Y + {}^{0}_{-1}e + {}^{0}_{0}\bar{\nu}$$

따라서 원자번호가 Z인 원소 X는 베타붕괴에 의해 원자번호가 $Z+1$인 원소 Y로 바뀐다.

그러면 이제 뉴트리노를 어떻게 발견하게 되었는가를 살펴보자. 원자로 속에는 어마어마하게 많은 중성자가 있다. 그리고 이들은 약 15분 만에 베타붕괴에 의해 전자와 뉴트리노를 방출하고 양성자로 변해버린다. 원자로는 두꺼운 납 차폐물로 둘러싸여 있으므로 방사선이 외부로 새어나가지 않는다. 그러나 질량이 없고 전기적으로 중성인 뉴트리노는 예외이다. 뉴트리노는 다른 물질과 상호작용을 잘 하지 않으므로 두꺼운 납판을 그대로 투과해 버린다. 매 초 10억의 10억 개 정도의 뉴트리노가 외부로 방출된다.

레인즈와 코완은 카드뮴이 들어 있는 물로 가득 채운 거대한 수조를 준비해 이들을 관측하기로 했다. 그 결과 수조 속으로 뛰어드는 뉴트리노가 물속의 양성자를 중성자로 변화시키고 이때 나오는 양전자가 그 즉시 전자를 만나 감마선으로 변했다. 그 감마선을 검출하면 뉴트리노를 검출하는 것이 된다. 그들은 이 방법에 의해 감마선이 자주 발생할 거라 기대했지만 그들의 기대와는 달리 한 시간에 세 번 정도의 감마선이 관측되었다. 그러니까 거의 대부분의 뉴트리노는 아무런 반응을 하지 않고 수조를 그대로 통과한 것이다. 하지만 수의 많고 적음에는 상관없이 그들은 파울리나 페르미가 도입한 뉴트리노의 존재를 입증한 것이었다.

활동수업

최초의 방사능 원소를 발견에 대해 조사해 보자.

교과 연계 내용

베크렐의 방사선 발견

1896년 프랑스 소르본대학 물리학과의 베크렐 교수는 형광물질에 관심이 많았다. 어떤 광물에 빛을 쪼여 주면 반짝거리는 푸른빛을 내는데 이것이 바로 형광현상이다. 형광현상은 광물에 빛을 쪼여주었을 때만 나타나는 현상이므로 빛이 없는 어둠 속에서는 형광현상이 일어나지 않는다. 뢴트겐이 X선을 발견했다는 소식을 들은 베크렐은 형광물질에서도 X선이 나올 것이라고 생각했다. 그는 사진판을 검은 종이로 싸서 빛이 들어가지 못하게 한 다음 그 위에 형광물질을 올려놓았다. 만일 그의 생각대로 형광물질에서 X선이 나온다면 투과력이 강한 X선이 검은 종이를 뚫고 나와 사진판을 검게 만들게 될 것이다. 하지만 그의 실험 결과 사진판은 조금도 검게 변하지 않았다. 즉, 형광물질에서 X선은 나오지 않았던 것이다.

베크렐은 좀 더 강력한 형광을 띠는 우라늄염을 가지고 다시 실험하기로 계획했다. 우라늄염 속에는 강한 형광을 내는 우라늄이 들어 있다. 그런데 날씨가 이 주 동안 너무 흐려 실험을 할 수 없다고 판단한 베크렐은 우라늄염을 캐비닛 속에 처박아 두었다. 이때 우연히 캐비닛 속에는 사용하지 않은 사진 필름 더미가 들어 있었고 마침 우라늄염이 그 위에 놓이게 되었다. 얼마 후 다시 실험을 하기 위해 베크렐이 우라늄염을 꺼냈을 때 사진판이 검게 변한 것을 알고는 우라늄염으로부터 미지의 광선이 나온다는 것을 알게 되었다. 베크렐은 그 광물이 우라늄을 포함하고 있었으므로 이 광선이 우라늄에서 나온 광선이라고 판단했다. 이것은 빛이나 방전관과 같은 장치의 도움 없이 광물 자체에서 나온 광선이므로 형광현상도 아니고 X선이 나온 것도 아니었다. 베크렐은 물질 자체가 저절로 방출하는 방사선을 발견한 셈인데 이것을 천연 방사선 또는 자연 방사선이라고 부른다.

3 핵반응과 핵분열

1932년 캐빈디쉬 연구소의 콕크로프트와 월튼은 라듐과 같이 가벼운 원소를 50만V 정도의 전압으로 가속된 양성자로 때리면 리튬핵을 파괴할 수 있을 것이라 생각했다. 실험 결과는 예상 그대로였다. 리튬핵이 두 개의 헬륨핵으로 쪼개졌다. 이것을 식으로 써보면 다음과 같다.

$$^{1}_{1}\mathrm{p} + ^{7}_{3}\mathrm{Li} \rightarrow ^{4}_{2}\mathrm{He} + ^{4}_{2}\mathrm{He}$$

1936년까지 알려진 원소는 원자번호 1번 수소부터 92번인 우라늄까지 92종류였다. 그런데 이 중 원자번호 43번, 61번, 85번, 87번인 원소가 분명히 존재해야 함에도 불구하고 그 당시까지 발견되지 않았다.

1937년 시그레는 몰리브텐 $^{98}_{42}\mathrm{Mo}$을 중수소핵으로 때려 몰리브덴의 동위원소를 찾아냈다. 중수소핵은 양성자 한 개와 중성자 한 개로 이루어져 있으므로 $^{2}_{1}\mathrm{d}$로 표시한다. 따라서 이 반응은 다음과 같이 된다.

$$^{2}_{1}\mathrm{d} + ^{98}_{42}\mathrm{Mo} \rightarrow ^{98}_{42}\mathrm{Mo} + ^{1}_{1}\mathrm{p}$$

이때 몰리브덴의 동위원소 $^{98}_{42}\mathrm{Mo}$는 불안정하기 때문에 베타붕괴에 의해 다른 원소로 바뀐다. 베타붕괴를 하면 중성자가 양성자로 바뀌므로 원자번호는 1만큼 증가한다.

$$^{98}_{42}\mathrm{Mo} \rightarrow ^{99}_{43}\mathrm{X} + e^{-}$$

이때 원자번호 43인 질량수 99의 새로운 원소 X가 만들어졌고 시그레는 이 원소가 기술적으로 얻어진 원소이므로 테크네튬이라 불렀다. 비슷한 방법으로 61번, 85번, 87번 원소가 발견되어 1937년에는 1번부터 92번까지의 모든 원소가 발견되었다. 보통 우라늄보다 더 무거운 원소인

93번 이상의 원소들을 초우라늄 원소라 한다.

1939년 맥밀란은 핵자수가 238인 우라늄-238을 중성자로 때려 우라늄-239를 얻었다. 이 원소는 불안정하기 때문에 베타붕괴를 해서 원자번호 93번인 새 원소로 바뀌었다. 우라늄이 천왕성을 뜻하는 우라너스에서 따온 이름이었으므로 맥밀란은 이 원소를 해왕성을 뜻하는 넵튠을 따서 넵튜늄이라 불렀다.

1940년 미국의 시보그는 우라늄-238을 중수소핵으로 때려 넵튜늄-238을 만들었다. 이 원소 역시 불안정하여 베타붕괴를 한 후 원자번호 94번인 새 원소로 바뀌었다. 이 원소는 명왕성을 뜻하는 플루토를 따서 플루토늄이라 불렀다. 이런 방법으로 새로운 원소들이 속속 출현하게 되어 현재는 110여 종 이상의 원소가 존재한다.

페르미의 연구가 세상에 알려지자 그의 연구에 관심을 보이는 과학자들이 늘기 시작했다. 1934년 독일의 오토 한과 여자 과학자 마이트너는 중성자로 우라늄을 때리는 페르미 실험을 반복했다.

9-4 〈마이트너〉

9-5 〈오토 한〉

처음에는 페르미의 연구와 같은 결론을 얻었지만 실험이 거듭될수록 페르미의 결과와는 어딘가 다른 이상한 점들이 나타나기 시작했다.

1938년 히틀러와 유대인 박해정책 때문에 유대인인 마이트너가 스웨덴으로 떠난 사이 한은 슈트라스마노가 함께 우라늄-235를 중성자로 때렸을 때 생기는 새로운 생성물에 대해 조사했다. 그 결과 두 개의 생성물이 나타났는데 그 중 하나가 우라늄보다 훨씬 가벼운 바륨(Ba)이었다. 그렇다면 이것은 우라늄이 중성자와의 충돌로 인해 두 개로 쪼개진 셈이다. 그들은 나머지 또 하나의 생성물을 조사했고 그것이 크립톤(Kr)임을 알게 되었다. 이것을 반응식으로 쓰면 다음과 같다.

$$n + {}^{235}_{92}U \rightarrow {}^{146}_{56}Ba + {}^{90}_{36}Kr$$

이것이 최초의 핵분열이었다. 한은 이 결과를 스웨덴의 마이트너에게 알렸고 그녀는 이 핵분열에서 생기는 질량결손 때문에 200MeV라는 엄청난 에너지가 나온다는 것을 알게 되었다.

9-6 〈오토 한과 마이트너의 실험실〉

9-7 〈페르미〉

그리고 더욱 놀라운 일은 이 과정으로 생긴 바륨과 크립톤은 극도로 불안정하여 중성자를 내놓게 되는데 이때 튀어나오는 중성자는 평균적으로 두 개 정도였다. 이것은 놀라운 일이 아닐 수 없었다. 이렇게 튀어나온 두 개의 중성자가 다시 우라늄을 때려 핵분열을 시키면 다시 중성자가 네 개가 튀어나오고 이런 반응이 연쇄적으로 일어나면 우리가 상상할 수 없는 엄청난 에너지가 나온다. 이것은 이 반응이 가공할만한 파괴력을 가진 새로운 무기의 아이디어가 될지 모른다는 것을 의미했다. 그녀는 이 사실을 보어에게 알렸고 1939년 그녀와 보어는 미국에 가서 페르미에게 이 사실을 전했다.

1939년 독일의 폴란드 침공으로 제2차 세계대전이 발발했고 1941년 12월 미국도 연합군으로 전쟁에 참전하였다. 이때 독일의 핵분열의 아이디어를 전해 들은 페르미도 같은 생각을 하였다. 미국의 학자들은 어떻게 해서든지 독일보다 먼저 핵무기를 만들어야 한다고 생각하게 되었다. 그러나 이러한 무기 개발은 미국의 대통령과 상의가 이루어져야 하는데 그 당시 미국의 과학자 중에서 이러한 영향력을 가진 사람이 바로 아인슈타인이었다. 페르미를 포함한 몇몇 과학자들은 아인슈타인을 찾아가 도움을 요청하게 되었고 그들의 설득으로 아인슈타인은 루즈벨트 대통령에게 핵무기 개발이 필요하다는 편지를 보내게 되는데 이것이 유명한 '맨해튼 계획'이다.

1942년 5월 미국은 독일보다 앞서 핵분열을 이용한 무기 개발인 맨해튼 계획에 착수하는데 책임자로는 오펜하이머가 결정되었다. 이 시기에 미국에서는 우라늄－235의 핵분열이 연쇄적으로 생기는 반응을 찾아냈다. 그것은 우라늄－235를 중성자로 때리면 먼저 복합핵인 우라늄－236으로 바뀌었다가 이것이 스트론튬－94와 크세논－140으로 분열된다.

이 반응을 써보면 다음과 같다.

$$n + {}^{235}_{92}U \rightarrow {}^{140}_{54}Xe + {}^{94}_{38}Sr + 2n$$

여기서 스트론튬-94와 크세shs-140은 불안정하므로 베타붕괴에 의해 각각 안정핵인 지르코늄-94(Zr)와 세륨-140(Ce)으로 바뀐다. 이 연쇄반응은 하나의 중성자로 우라늄을 때렸을 때 두 개의 중성자가 나오고 두 개의 중성자가 다시 우라늄을 때려 네 개의 중성자가 나오고 이런 식으로 핵분열이 연쇄적으로 일어나므로 우리가 상상하기 힘든 거대한 에너지가 방출된다는 것이었다. 이 에너지를 무기화한 것이 바로 원자폭탄이다. 그런데 자연에 존재하는 우라늄은 99.3%가 우라늄-238이고 우라늄-235는 고작해야 0.7%에 불과했다. 그 뒤로 플루토늄 -239도 연쇄핵분열이 일어난다는 것이 알려지고 1945년 7월 뉴멕시코주에서 최초의 원자폭탄실험이 이루어졌다.

1945년 8월 6일 리틀보이라 부르는 우라늄-235를 이용한 원자폭탄이 히로시마에 떨어져 히로시마시의 3분의 2가 폐허가 되고 35만 시민 중 14만 명이 죽었다. 이러한 상태에서도 일본이 항복하지 않자 미국은 8월 9일 플루토늄-239를 이용한 원자폭탄을 나가사키에 투하했다. 나가사키에서는 27만 명의 시민 중에서 7만 명이 죽는 참사였다. 일본은 더 이상 버티지 못하고 항복하게 되었다.

한편 1942년 페르미는 흑연으로 연쇄 핵분열을 천천히 일어나게 하여 핵분열 에너지를 지속적으로 이용할 수 있는 원자로를 발명했고 이것이 현대1

의 원자력 발전의 기초가 된다.

활동수업

1) 마이트너가 노벨상을 받지 못한 이유에 대해 알아보자.

2) 경수로와 중수로의 차이를 설명해 보자.

교과 연계 내용

원자핵분열에서 발생하는 에너지

원자핵분열에서 발생하는 에너지가 얼마나 큰가를 느끼기 위해 간단한 계산을 해 보자. 핵분열이 일어나기 전의 질량은 우라늄-235의 질량과 중성자의 질량의 합이므로 양성자의 질량을 1u라고 하면

우라늄-235의 질량	= 235.0439u
중성자의 질량	= 1.0087u
질량의 합	= 236.052u

이고 핵분열 후의 질량은

지르코늄-94의 질량	= 93/9063u
중성자 두 개의 질량	= 2.0174u
질량의 합	= 235.8290u

따라서 질량의 차이를 Δm이라고 하면 핵분열에서 방출되는 상대론적 에너지 Q는

$$Q = \Delta mc^2 = (0.2236u)c^2$$

이고 $(1u) \times C^2 = 931.5MeV$ 이므로

$$Q = 208MeV$$

이 된다. 그래서 우리는 핵분열의 한 과정에서 발생하는 에너지를 대체로 200MeV로 놓는다. $1\text{eV} = 1.6 \times 10^{-19}\text{J}$이므로 이 에너지를 J로 바꾸면 200MeV는 $3.2 \times 10^{-11}\text{J}$에 해당된다.

우라늄-235의 1몰은 235이고 이 속에 들어 있는 우라늄 핵의 수는 아보가드로의 수이므로 1g의 우라늄-235 속의 원자핵의 수는

$$\frac{6 \times 10^{23}}{235} = 2.6 \times 10^{21}$$

가 되어 1g의 우라늄-235가 핵분열로 발생시키는 에너지는

$$3.2 \times 10^{-11} \times 2.6 \times 10^{21} = 8.3 \times 10^{10}\text{J}$$

이 된다. 한편 탄소 1g이 완전 연소할 때 발생하는 에너지는

$$3.4 \times 10^{4}\text{J}$$

이므로 우라늄-235의 핵분열에너지는 탄소의 완전연소 때의 에너지의 240만 배이다. 따라서 우라늄-235의 1g이 핵분열을 할 때 나오는 에너지는 탄소 2.4톤을 태웠을 때의 에너지와 같다.

4 핵력과 메존

1932년 중성자가 발견된 후 하이젠베르크는 핵 속의 양성자와 중성자를 결합하는 힘이 무엇인가에 대해 궁금해 했다. 또한 양성자끼리는 전기적으로 밀쳐내는 힘이 작용하는데 이들이 아주 작은 핵 속에 모여 있다는 것은 전기의 힘보다 더 강한 새로운 힘이 핵 안에서 작용한다고 볼 수 있다.

하이젠베르크는 힘에 대해 생각을 했다. 수소 원자 두 개가 결합하여 수소 분자를 만드는 힘은 두 개의 원자가 서로 전자를 교환함으로써 생기는 양자역학적인 힘이다. 하이젠베르크는 핵 속에서 작용하는 새로운 힘도 이와 비슷한 과정으로 설명할 수 있으리라 생각했다. 그렇다면 핵자들 사이에는 무엇이 교환되는 것일까?

그 당시까지 알려진 소립자가 양성자, 중성자, 전자, 광자(빛 알갱이)뿐이었으므로 그는 핵 속의 새 힘인 핵력의 교환입자가 전자라고 생각했다. 이것이 하이젠베르크의 캐치볼 메커니즘이다.

그런데 핵 안에 어떻게 전자가 있을 수 있는가? 이 질문에 대해 그는 핵 안의 중성자가 베타붕괴에 의해 전자를 방출하여 양성자로 바뀌고 이 전자가 순간적으로 양성자와 결합해 다시 중성자로 바뀌는 역베타붕괴를 하는 식의 과정을 반복하면 전자를 서로 주고 받으면서 핵자들이 단단히 결합할 수 있다고 생각했다. 그러나 계산 결과 이 힘의 크기가 양성자끼리 전기적으로 밀쳐내는 힘에 비해 너무나 작았다. 따라서 핵력의 교환입자가 전자라는 하이젠베르크의 생각은 문제가 생겼다.

1934년 일본의 유가와는 만일 전자 대신에 좀 더 무거운 입자를 캐치볼로 택한다면 핵이라는 작은 곳에서 작용하는 핵력을 설명할 수 있으리라 생각했다.

9-8 〈유가와〉

9-9 〈포웰〉

예를 들어 전자기 힘은 전자를 띤 입자들 사이에 광자라는 캐치볼을 주고받는 상호작용이다. 광자는 질량이 O이므로 이 힘의 작용거리는 아주 길다. 핵의 크기가 10^{-14}m 정도이므로 이렇게 작은 거리에 힘이 작용하려면 캐치볼의 질량은 커야 한다. 그는 하이젠베르크의 불확정성원리를 써서 이 새로운 입자의 질량이 전자의 질량의 약 200배 정도여야 함을 알게 되었다. 유가와가 예언한 이 입자는 후에 메존으로 부른다.

1937년 앤더슨과 네더마이어는 미국 콜로라도 주 파이크스피크 산 밑의 해수면에서의 우주선의 안개상자 사진에서 질량이 전자의 207배인 새 입자를 발견했다. 유가와는 이 입자가 자신이 예언한 메존일 것이라 생각했다. 그러나 1943년 이탈리아의 로시는 이 입자는 수명이 2×10^{-6}초로 불안정하여 전자나 양성자로 곧 붕괴된다는 사실을 알아냈다. 여러 가지 면에서 이 입자는 핵력의 캐치볼로 부적합했다. 그 후 이 입자는 뮤온으로 불리게 되었다.

1947년 영국의 포웰과 오키알리니는 프랑스와 스페인 국경의 피두미디 연구소에서 우주선을 관측했다.

이 연구소는 해발 300m의 높이였는데 이곳의 우주선의 세기는 해수면보다 열 배나 더 강했다. 이들은 전자의 질량이 274배이고 양의 전기를 띤 입자와 음의 전기를 띤 입자를 발견했다. 이것이 바로 유가와가 예언한 메존이었고 이 입자는 파이온이라 불렀다.

1961년 슈타인버거, 슈바르츠와 레더만은 브룩헤이븐 가속기를 이용해 15,000MeV로 가속된 양성자를 베릴륨에 충돌시켜 파이온이 뮤온과 새로운 뉴트리노로 붕괴된다는 사실을 알아냈다. 이 뉴트리노는 베타붕괴 때의 뉴트리노와 달랐으므로 이 뉴트리노를 뮤온 뉴트리노라 불렀다. 그들은 8개월 동안 56개의 뮤온 뉴트리노를 찾아냈다.

활동수업

원자폭탄과 수소폭탄의 차이에 대해 알아보자.

교과 연계 내용

입자가속기

입자를 매운 빠른 속력으로 가속시키면 입자의 에너지가 커진다. 이렇게 큰 에너지를 가진 입자를 다른 입자와 충돌시키면 새로운 입자가 탄생하기도 하고 입자들의 구조가 밝혀지기도 한다. 따라서 물리학자들은 입자가 큰 에너지를 가질 수 있는 장치를 발명하게 되었는데 이것이 입자가속기이다.

전자기학에 의하면 높은 전압을 걸 때 전기를 띤 입자의 속력은 커진다.

이것이 입자가속기의 초기 원리인데 1903년 레나드는 전자를 수십만 볼트로 가속시키는 장치를 발명했고 1931년 반데그래프는 가속에너지를 1.5MeV까지 올렸으며 영국 캐빈디쉬 연구소의 콕크로프트와 월튼은 양성자를 770KeV로 가속시킬 수 있는 높은 전압 발생장치를 발명했다.

1930년 미국 버클리대학의 로렌스와 러빙스턴은 양성자를 강한 자석 속에서 1,000번 이상 회전시켜 1.2MeV까지 가속시킬 수 있는 원형가속기(사이클로트론)를 발명했다. 그들의 원리는 '구심력=자기력'이었는데 구심력은

$$\frac{\text{입자질량} \times (\text{속력})^2}{\text{반지름}}$$

이고 자기력은

$$(\text{전하량}) \times (\text{속력}) \times (\text{자기장의 세기})$$

이므로 두 식을 같게 놓으면 전기를 띤 입자의 속력은 자기장의 세기와 원형가속기의 반지름에 비례하게 된다. 이때 주기는

$$\frac{2\pi \times \text{반지름}}{\text{속력}}$$

이므로 주기는 자기장에 반비례하게 된다. 이때 자기장을 변화시켜 주기를 일정하게 한 가속기를 싱크로트론이라 부른다. 최초의 싱크로트론은 1952년 브룩헤븐의 코스모트론으로 양성자를 3GeV까지 가속시켜 새로운 입자인 K, Λ, Σ, Ξ입자들을 발견했다. 여기서 1GeV=1000MeV

이다. 2년 뒤 버클리대학의 베바트론은 6.4GeV까지 양성자를 가속시켜 반양성자를 발견했다.

1961년 양성자를 33GeV까지 가속시킬 수 있는 양성자싱크로트론이 만들어져 J/Ψ입자를 발견했다. 또한 1972년 페르미연구소에 에너지가 500GeV인 가속기가, 1984년에는 페르미연구소에 지름 2km이고 가속 에너지를 1TeV까지 올릴 수 있는 테바트론이 만들어졌다. 여기서 1TeV＝1000GeV이다.

원형가속기와는 달리 여러 개의 가속전극을 일렬로 놓아 전극에 전기를 띤 입자가 지나갈 때 그 방향으로 점점 높은 전압을 걸어 입자를 가속시키는 선형가속기가 스탠포드대학에 세워졌다. 이 선형가속기는 SLAC라 부르는데 전자를 22GeV까지 가속시킬 수 있다. 선형가속기를 이용한 중요한 발견은 입실론 입자, 리히터의 J/Ψ입자 및 타우입자의 발견이다.

5 소립자의 발견과 쿼크

1950년대 입자가속기와 거품상자를 통해 K, Λ, Σ, Ξ입자들과 같은 새로운 소립자들이 많이 발견되면서 이들을 속성에 따라 분류할 필요가 있게 되었다. 처음 소립자들은 그 질량에 의해 이름이 붙여졌다. 전자나 뉴트리노와 같이 가벼운 소립자는 경입자(lepton)라 부르고 양성자나 중성자와 같이 무거운 소립자 등은 중입자(baryon)라는 이름이 붙여졌다. 그리고 경입자와 중입자 사이의 질량을 갖는 입자를 중간자라고 불렀다. 유가와가 예언한 파이 중간자나 그 후에 발견된 K 중간자 같은 것들이 중간자에 속한다. 또한 힘과 관련하여 강력하게 관계되는 입자를 강입자(hardron)라고 부르는데 중입자와 중간자는 강입자에 해당한다.

1950년대의 많은 실험을 통해 소립자들은 어떤 평균수명을 가진 채 다른 소립자로 변환된다는 것이 알려졌다. 그러면 이제 소립자의 변환에서 어떤 값들이 보존되는가를 살펴보자. 이를 통해 가능한 소립자 반응과 불가능한 소립자반응을 구별할 수 있다.

예를 들어 양성자와 양성자가 충돌하여 세 개의 파이 중간자가 만들어지는 다음과 같은 반응은 결코 관측되지 않는다. 즉,

$$\mathrm{p}+\mathrm{p} \rightarrow \pi^{+}+\pi^{-}+\pi^{0}$$

와 같은 반응이 관측되었다. 이 두 반응을 설명하기 위해 물리학자들은 다음과 같이 중입자 수(B)를 도입했다.

중입자면	$B=+1$
반중입자면	$B=-1$
그 외의 입자면	$B=0$

그리고 물리학자들은 모든 소립자 반응에서 반응 전의 중입자 수의 합과 반응 후의 중입자 수의 합이 보존된다는 중입자 수 보존법칙을 도입함으로써 앞에서 얘기한 두 반응의 차이를 설명했다. 즉, 반응 전의 중입자 수의 합은 2이지만 반응 후는 중입자 수가 보존되지 않으므로 양성자와 양성자의 충돌과정은 일어날 수 없는 반응이다.

그러나 양성자와 반양성자의 충돌과정에서는 양성자의 중입자 수가 +1이고 반양성자의 중입자 수가 −1이므로 반응 전의 중입자의 합은 0이 되고 반응 후의 중입자 수의 합도 0이므로 중입자 수가 보존된다. 따라서 이 반응은 일어날 수 있는 소립자 반응이다.

자, 이번에는 경입자 수에 대해 살펴보자. 경입자에는 전자, 뮤온, 타우입자 등이 있으나 여기서는 전자와 관련된 경입자 수 L에 대해서만 생각한다. 이때 경입자 수를 다음과 같이 정의하자.

전자나 뉴트리노이면	$L=+1$
양전자나 반뉴트리노면	$L=-1$
그 외의 입자면	$L=0$

우리는 베타붕괴 때 중성자가 양성자로 바뀌면서 전자와 반뉴트리노가 나온다는 것을 알고 있다.

$$\mathrm{n} \rightarrow \mathrm{p} + \mathrm{e}^- + \nu$$

와 같은 반응은 가능한 반응인가? 먼저 반응 전의 경입자 수의 총합은 0이고 전자와 뉴트리노의 경입자 수는 모두 1이므로 반응 후의 경입자 수의 합은 2가 되어 반응 전후 경입자 수는 보존되지 않는다. 따라서 이러한 반응은 절대로 일어나지 않는다.

소립자가 많이 발견되면서 그들 모두는 더 이상 분할할 수 없는 기본 입자인 것인가 하는 데 의문이 들기 시작한다. 광자와 경입자는 기본 입자로 볼 수 있지만 중간자와 중입자를 기본 입자로 보기에는 그 종류가 너무 많았다. 그리하여 1960년대에 자연스럽게 강입자들이 어떤 기본 입자들로 이루어진 복합입자가 아닐까 하는 생각이 커지기 시작했다. 그리하여 1963년 미국의 겔만은 다음과 같은 대담한 가설을 제시했다.

> 양성자, 중성자, 중간자 같은 강입자는 전하가 $+\frac{2}{3}$, $-\frac{1}{3}$ 인 기본 입자와 그들의 반입자들로 이루어져 있는 복합입자이다.

겔만은 이 기본 입자가 세 종류가 있다고 주장했는데 그 이름을 쿼크라 불렀다. 겔만이 제안한 세 종류의 쿼크는 전하가 $+\frac{2}{3}$ 인 u쿼크와 전하가 $-\frac{1}{3}$ 인 d쿼크 그리고 s쿼크였다. 이 중 u쿼크와 d쿼크의 질량은 전자의 질량의 약 600배 정도이고 s쿼크의 질량은 전자의 질량의 약 1,000배 정도로, u쿼크나 d쿼크에 비해 약간 무거웠다. 또한 모든 입자에 반입자가 있으므로 이들 세 종류의 쿼크에 대해서도 각각의 반입자가 존재한다고 생각했고 그것을 반쿼크라 불렀다. 반입자는 입자와 질량 0은 같고 전하량은 반대이므로 u쿼크의 반쿼크는 $-\frac{2}{3}$ 의 전하량을 가진 $\bar{u}$ 쿼크이고, d쿼크와 s쿼크의 반쿼크는 $+\frac{1}{3}$ 의 전하량을 띤 $\bar{d}$ 쿼크와 $\bar{s}$ 쿼크이다. 겔만은 이렇게 세 종류의 쿼크와 반쿼크들로 그 당시까지 발견된 모든 강입자들을 설명하려고 했다.

9－10 〈겔만〉

그는 중입자는 세 개의 쿼크로 이루어져 있고 중간자는 쿼크－반쿼크 쌍으로 이루어져 있다는 쿼크모형을 제안했다. 예를 들어 전하량이 －1인 양성자는 쿼크 두 개와 d쿼크 한 개로 이루어져 있으면 된다. 이때 양성자의 전하는

$$\frac{2}{3}+\frac{2}{3}+\left(-\frac{1}{3}\right)=+1$$

이다. 마찬가지로 중성자는 u쿼크 한 개와 d쿼크 두 개로 이루어져 있으면 된다. 이때 중성자의 전하는

$$\frac{2}{3}+\left(-\frac{1}{3}\right)+\left(-\frac{1}{3}\right)=0$$

으로 중성이 된다. 양성자와 중성자의 질량이 비슷하다는 사실로부터 u쿼크와 d쿼크의 질량이 거의 같다는 사실을 알아냈다.

9-11 〈양성자〉

예를 들어 π^-중간자의 경우 한 개의 $\bar{u}$쿼크와 한 개의 d쿼크로 구성되어 있다. 이때 $\bar{u}$쿼크의 전하량이 $-\frac{2}{3}$이고 d쿼크의 전하량이 $-\frac{1}{3}$이므로 π^-중간자의 전하량이 -1임을 잘 설명해준다.

겔만의 쿼크모형은 그 당시까지 발견된 모든 강입자들을 성공적으로 묘사했다. 그러나 이상하게도 s쿼크 세 개로 구성된 소립자는 없었다. 겔만은 이러한 입자가 존재해야 한다고 주장하였고 1963년 12월 미국 브룩헤이븐 가속기의 새미오는 겔만의 주장대로 s쿼크 세 개로 구성된 -1의 전기량을 띠는 새로운 소립자를 찾는 데 성공한다. 이 입자가 바로 Ω^-입자이다.

쿼크모형은 성공적으로 약력과 강력이 잘 설명되기 시작했다. 특히 미국 하버드대학의 글라쇼는 약력의 캐치볼로서 $W^{\pm}$, Z입자를 도입하였고 이 입자들은 그 후 실험을 통해 발견되었다.

하지만 겔만이 도입한 세 종류의 쿼크는 아무래도 불완전해 보였다. $-\frac{1}{3}$의 전하량을 갖는 쿼크는 두 개인 반면, $+\frac{2}{3}$의 전하를 갖는 쿼크는 한 종류에 불과했기 때문이었다. 여러 가지 사실을 토대로 글라쇼는 네 번째 쿼크의 필요성을 주장하였는데 그것을 c쿼크라고 이름 붙였다. c쿼크는 전하량이 $+\frac{2}{3}$여야 했다. 또한 한국의 이휘소는 c쿼크의 질량이 전자의 질량의 약 3,000배임을 처음으로 주장했다.

1974년 동시에 두 곳의 입자가속기에서 네 번째 쿼크인 c쿼크로 구성된 입자가 발견되었다. 브룩헤이븐 입자가속기의 팅은 280억eV로 가속된 양성자 빔을 베릴륨에 충돌시켜 새로운 중간자를 발견하고 이것을 J입자라 이름 붙였다.

동시에 스탠퍼드대학 입자가속기의 리히터는 20억~40억eV라는 큰 에너지로 가속된 전자와 양전자를 충돌시켜 새로운 중간자를 발견하고 이를 Ψ입자라 이름 붙였다.

이 두 그룹에서 독립적으로 발견한 두 입자는 같은 입자임이 확인되었는데, 이 입자는 글라쇼가 예언한 c쿼크와 그의 반쿼크인 $\bar{c}$쿼크로 구성된 새로운 중간자임이 확인되었고 이 입자의 이름은 J/Ψ 입자로 불리게 되었다.

1975년 스탠퍼드대학 가속기의 마틴 펄은 전자, 뮤온에 이어서 세 번째의 경입자인 타우입자(τ)를 발견한다. 이 경입자는 전자나 뮤온과는 달리 질량이 아주 커서 전자의 질량의 3,600배나 되고 수명이 2조분의 3초로 아주 짧은 입자였다.

1977년에는 페르미연구소의 레더만이 다섯 번째 쿼크인 b쿼크와 그의 반쿼크 $\bar{\mathrm{b}}$로 이루어진 새로운 중간자인 Y입자를 찾는 데 성공함으로써 쿼크의 종류는 다섯 개로 늘어났다. 이 쿼크는 전하량이 $-\frac{1}{3}$이고 질량은 전자의 9,000배나 되는 아주 무거운 쿼크이다.

1994년 5월 9일 페르미연구소의 테바트론이라는 가속기를 통해 여섯 번째 쿼크인 t쿼크가 발견되는데 이 쿼크의 전하량은 $+\frac{2}{3}$이고 질량은 전자의 질량의 348,000배 정도로 어마어마하게 무거운 쿼크였다. 이처럼 t쿼크의 발견으로 겔만이 처음 세 종류를 도입했던 쿼크는 여섯 종류로 늘어났고 이 들에 대해 강입자를 구성하는 기본 입자로 해석할 수 있게 된다.

활동수업

1) 쿼크라는 이름의 유래에 대해 알아보자.

2) 소립자물리학 발전에 기여한 한국인 물리학자 이휘소에 대해 알아보자.

참고문헌

엘러건트 유니버스, 브라이언 그린(지은이), 박병철(옮긴이) | 승산 | 2002년 3월

조지의 우주를 여는 비밀 열쇠, 스티븐 윌리엄 호킹, 루시 호킹(지은이), 김혜원(옮긴이) | 랜덤하우스코리아 | 2008년 4월

미로탐험 : 신비한 우주 – 지구가 있는 태양계에서 아득히 먼 은하까지! | 미로탐험 시리즈 7, 겐타로 카가와(지은이), 이은선(옮긴이), 아가타 히데히코(감수) | 문공사 | 2012년 4월

과학이 재미있어지는 우주 이야기 | 밝은미래 지식탐험 시리즈 4

가비 레블링(지은이), 율리아 케르겔(그림), 함미라(옮긴이) | 밝은미래 | 2013년 6월

할아버지가 들려주는 우주이야기 – 천체물리학자 위베르

위베르 리브(지은이), 강미란(옮긴이) | 열림원 | 2011년 4월

찾아보기

ㅈ

ㅊ

ㅋ

ㅌ

ㅍ

ㅎ

기타